できる

法林岳之&
できるシリーズ編集部

ゼロからはじめる
パソコン超入門

令和
改訂版

ウィンドウズ**10**対応

インプレス

できるシリーズは読者サービスが充実！

わからない操作が解決

できるサポート
本書購入のお客様なら無料です！

書籍で解説している内容について、電話などで質問を受け付けています。無料で利用できるので、分からないことがあっても安心です。なお、ご利用にあたっては252ページを必ずご覧ください。

詳しい情報は 252ページへ

ご利用は3ステップで完了！

ステップ1
書籍サポート番号のご確認

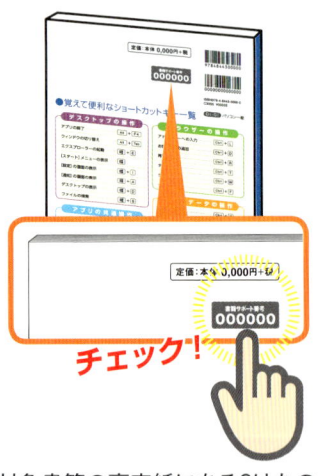

対象書籍の裏表紙にある6けたの「書籍サポート番号」をご確認ください。

ステップ2
ご質問に関する情報の準備

あらかじめ、問い合わせたい紙面のページ番号と手順番号などをご確認ください。

ステップ3
できるサポート電話窓口へ

● 電話番号（全国共通）

0570-000-078

※月～金　10:00～18:00
　土・日・祝休み
※通話料はお客様負担となります

以下の方法でも受付中！

- インターネット
- FAX
- 封書

操作を見てすぐに理解

できるネット解説動画

レッスンで解説している操作を動画で確認できます。画面の動きがそのまま見られるので、より理解が深まります。動画を見るには紙面のQRコードをスマートフォンで読み取るか、以下のURLから表示できます。

本書籍の動画一覧ページ
https://dekiru.net/pc2019

スマホで見る！

パソコンで見る！

最新の役立つ情報がわかる！

できるネット

新たな一歩を応援するメディア

「できるシリーズ」のWebメディア「できるネット」では、本書で紹介しきれなかった最新機能や便利な使い方を数多く掲載。コンテンツは日々更新です！

パソコンはもちろん
スマートフォンでも読みやすい

●主な掲載コンテンツ

- Apple/Mac/iOS
- Windows/Office
- Facebook/Instagram/LINE
- Googleサービス
- サイト制作・運営
- スマホ・デバイス

https://dekiru.net

用語の使い方

本文中では、「Microsoft Windows 10」のことを「ウィンドウズ10」または「ウィンドウズ」と記述しています。なお、本文中で使用している用語は、基本的に実際の画面に表示される名称に則っています。

本書の前提

本書の各レッスンは、「Microsoft Windows 10」がインストールされているパソコンで、インターネットに常時接続されている環境を前提に画面を再現しています。Windows 10 Pro、Windows 10 Enterprise をお使いの場合、一部画面や操作が異なることもありますが、基本的に同じ要領で進めることができます。

まえがき

「パソコンって、便利かもしれないけど、私に使いこなせるかな？」「いろいろ使えるみたいだけど、難しそうで……」

パソコンが便利であること、役立ちそうなことは知っているのに、何となく苦手な印象を持っていたり、敬遠してしまっていないでしょうか。本書はそんな人たちのために企画された書籍です。

私たちの生活や仕事において、パソコンはとても役に立つ道具のひとつです。インターネットで世界中の情報を検索したり、メールやSNSなどでコミュニケーションを楽しんだりできます。オンラインショップなら、24時間、いつでも好きなときにお買い物ができます。プライベートやビジネスで使う文書なども簡単に作成できます。デジタルカメラやスマートフォンで撮影した旅の写真を整理したり、音楽や映像を鑑賞したりと、趣味やエンターテインメントの世界も大きく拡げることができます。

現在、パソコンでもっとも広く利用されているのがマイクロソフトの「ウィンドウズ」です。かつて、ウィンドウズは数年に一度、新製品を発売してきましたが、2015年に発売された「Windows 10（ウィンドウズ テン）」以降は、新たに機能が追加された最新版が十数カ月ごとに公開され、バージョンアップしながら、使い続けられるようになりました。本書では最新のWindows 10を使い、パソコンがまったくはじめての人にもわかるように、画面の見方やマウスの持ち方、キーボードでの文字入力、文書の作成、インターネットのWebページの活用、メールの送受信などをひとつずつ解説しています。レッスンの流れにそって、読み進めていただければ、パソコンの基本的な操作や使い方を理解でき、パソコンを上手に使いこなすための第一歩を踏み出すことができます。

最後に、本書の執筆にあたり、着実に作業を進めていただいた編集担当の進藤寛さん、できるシリーズ編集部のみなさん、情報提供をいただいた日本マイクロソフトのみなさん、関係各社のみなさんに心から感謝します。本書により、ひとりでも多くの人がパソコンを便利に使えるようになれば、幸いです。

2019年8月

法林岳之

本書の読み方

本書では、大きな画面をふんだんに使い、大きな文字ですべての操作をていねいに解説しています。はじめてパソコンを使う人でも、迷わず安心して操作を進められます。

レッスン

見開き2ページを基本に、やりたいことを簡潔に解説します。

操作はこれだけ

ひとつのレッスンに必要な操作です。レッスンで行なう操作のポイントがわかります。

動画で見る

QRコードを読み取るとレッスンの操作を動画で見られます。

キーワード

機能名やサービス名などのキーワードからレッスン内容がわかります。

概要

レッスンの目的を理解できるように要点を解説します。

左ページのつめでは、章タイトルでページを探せます。

ポイント

レッスンの概要や操作の要点を図解でていねいに解説します。概要や操作内容をより深く理解することで、確実に使いこなせるようになります。

レッスン **14**

文書を作成する準備をしよう

動画で見る

キーワード [スタート] メニュー、メモ帳

文書を作成するには、その作業をするためのプログラム（ソフトウェア）を起動する必要があります。こうしたプログラムを一般的に「アプリ」「アプリケーション」と呼びます。文書はいろいろなアプリで作成できますが、ここではウィンドウズに標準で用意されている「メモ帳」を起動して、作成します。

操作はこれだけ　クリック　ドラッグ

第3章　文書に文字を入力してみよう

[スタート] メニューにはすべてのアプリが表示されます

 Windows アクセサリ をクリックします

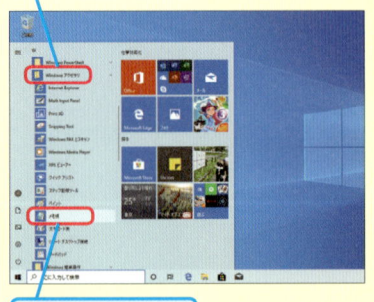

メモ帳 をクリックします

● メモ帳の起動

[スタート] メニューにはウィンドウズにインストールされているすべてのアプリが表示されています。アプリの一覧をスクロールすると、[Windowsアクセサリ] というグループがあり、ここをクリックすると、[メモ帳] があります。そのアイコンをクリックすると、メモ帳が起動します。

手 順　必要な手順を、すべての画面とすべての操作を掲載して解説

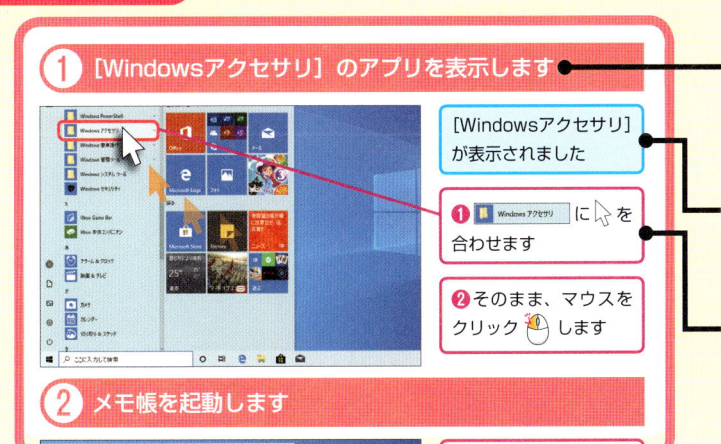

① [Windowsアクセサリ] のアプリを表示します

> [Windowsアクセサリ]
> が表示されました

> ❶　Windows アクセサリ　に 👆 を
> 合わせます

> ❷そのまま、マウスを
> クリック 🖱 します

② メモ帳を起動します

手順見出し
「○○を起動します」など、ひとつの手順ごとに、内容の見出しを付けています。番号順に読み進めてください。

操作解説
操作の意味や操作結果に関しての解説です。

操作説明
「○○をクリックします」など、それぞれの手順での実際の操作です。番号があるときは順に操作してください。

---

① [Windowsアクセサリ] のアプリを表示します　14

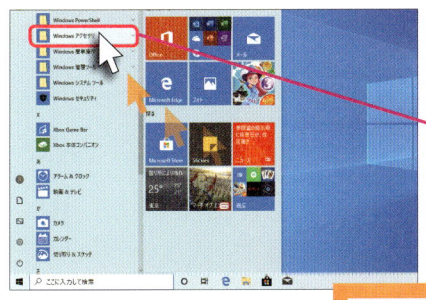

> [Windowsアクセサリ]
> が表示されました

> ❶　Windows アクセサリ　に 👆 を
> 合わせます

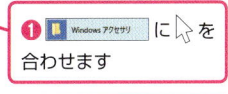

> ❷そのまま、マウスを
> クリック 🖱 します

右ページのつめでは、知りたい機能でページを探せます。

[スタート] メニュー、メモ帳

② メモ帳を起動します

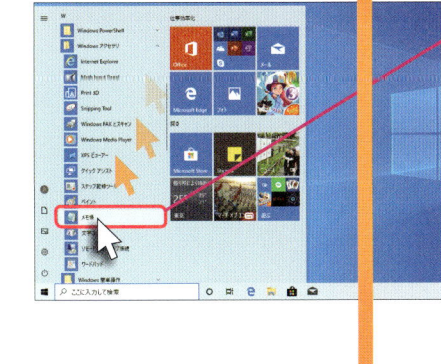

> ❶　メモ帳　に 👆 を
> 合わせます

> ❷そのまま、マウスを
> クリック 🖱 します

> **間違った場合は？**
> 手順2で [Windowsアクセサリ] 以外をクリックしてしまったときは、もう一度、[Windowsアクセサリ] にマウスポインターを合わせ、クリックしてください。

ヒント💡
[Windowsアクセサリ] には「Internet Explorer」や「ワードパッド」などのアプリが登録されています。「ペイント3D」では絵を描いたり、写真のリサイズなどができます。

ヒント
レッスンに関連した、さまざまな機能の紹介や、一歩進んだ使いこなしのテクニックを解説します。

間違った場合は？
手順の画面が違うときには、まずここを見てください。操作を間違った場合の対処法を解説しているので、安心です。

※ここで紹介している紙面はイメージです。実際の紙面とは異なります。

目 次

第3章　文書に文字を入力してみよう　67

第1章

パソコンのことを知ろう

私たちの生活や仕事において、パソコンはとても役に立つ道具のひとつです。パソコンを使いはじめる前に、パソコンがどんなものなのか、パソコンの利用に欠かすことができないインターネットへの接続、マウスの操作などについて、解説します。

この章の内容

いろいろなことに使える パソコン

第1章 パソコンのことを知ろう

パソコンはいろいろなことに活用できます。気になることをインターネットで調べたり、友だちや家族とメールをやりとりしたり、デジタルカメラで撮影した写真の整理、文書の作成など、生活から趣味、仕事に至るまで、さまざまな場面で役に立ちます。パソコンを活用して、豊かなデジタルライフを過ごしましょう。

パソコンは仕事にも趣味にも使える

●知りたいことを調べる

パソコンは世界中のコンピューターがつながれたインターネットに接続できます。世界中の情報を検索できるだけでなく、多くの人たちとメールやSNS（ソーシャル・ネットワーキング・サービス）でコミュニケーションを楽しんだり、ブログでの情報発信もできます。

●映像や音楽を楽しめる

インターネットでは映像や音楽が楽しめます。映画やミュージックビデオをはじめ、音楽も聞くことができます。インターネットでしか見られない映像や番組も数多く配信されています。

第1章

パソコンのことを知ろう

私たちの生活や仕事において、パソコンはとても役に立つ道具のひとつです。パソコンを使いはじめる前に、パソコンがどんなものなのか、パソコンの利用に欠かすことができないインターネットへの接続、マウスの操作などについて、解説します。

この章の内容

いろいろなことに使えるパソコン

キーワード🔑 パソコンでできること

第1章 パソコンのことを知ろう

パソコンはいろいろなことに活用できます。気になることをインターネットで調べたり、友だちや家族とメールをやりとりしたり、デジタルカメラで撮影した写真の整理、文書の作成など、生活から趣味、仕事に至るまで、さまざまな場面で役に立ちます。パソコンを活用して、豊かなデジタルライフを過ごしましょう。

パソコンは仕事にも趣味にも使える

●知りたいことを調べる

パソコンは世界中のコンピューターがつながれたインターネットに接続できます。世界中の情報を検索できるだけでなく、多くの人たちとメールやSNS（ソーシャル・ネットワーキング・サービス）でコミュニケーションを楽しんだり、ブログでの情報発信もできます。

●映像や音楽を楽しめる

インターネットでは映像や音楽が楽しめます。映画やミュージックビデオをはじめ、音楽も聞くことができます。インターネットでしか見られない映像や番組も数多く配信されています。

● 写真を楽しむ

デジタルカメラで撮影した写真を
パソコンに取り込み、整理するこ
とができます。パソコンに取り込
んだ写真を加工したり、印刷した
り、メールやSNSなどに投稿する
こともできます。

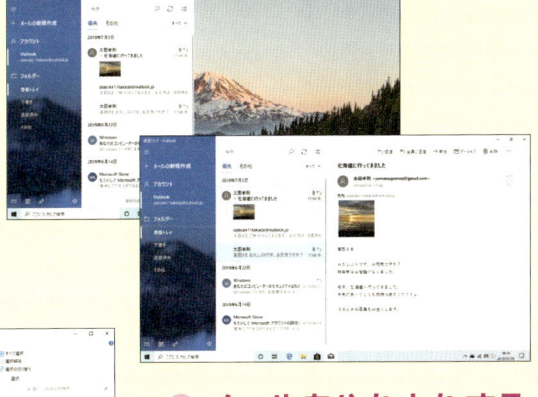

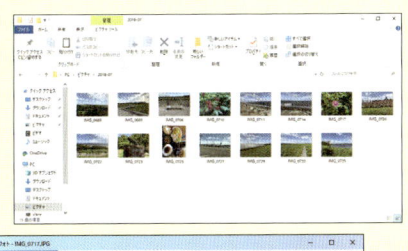

● メールをやりとりする

パソコンではさまざまな人
とメールの送受信ができま
す。パソコンを使っている
相手だけでなく、携帯電話
やスマートフォンともメー
ルでコミュニケーションが
楽しめます。

● 文書を作成できる

パソコンを使って、いろいろな文書
を簡単に作成できます。報告書やレ
ポート、計算書などのビジネス文書
はもちろん、手紙や日記、年賀状な
どのプライベートな文書の作成にも
役立ちます。作成した文書は印刷し
たり、メールで送信できます。

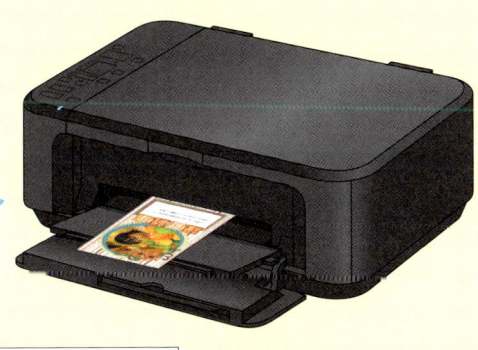

ウィンドウズ 10が
利用できるパソコンを知ろう

第1章
パソコンのことを知ろう

パソコンの基本ソフト（オペレーティングシステム）として、もっとも広く利用されているのがマイクロソフトの「ウィンドウズ」です。その最新版である「ウィンドウズ 10」は、いろいろなタイプのパソコンで利用することができます。どんなパソコンで利用できるのかを確認してみましょう。

パソコンとタブレットで利用できます

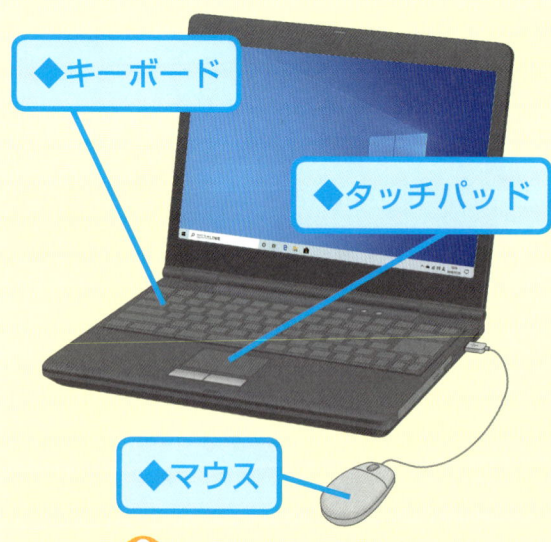

◆キーボード

◆タッチパッド

◆マウス

● ノートパソコン

本体、ディスプレイ、キーボード、タッチパッドなどがひとつにまとめられたパソコンです。本体に備えられたバッテリー、もしくはACアダプターを接続して利用します。必要な機能が一体化されているため、自由に持ち運ぶことができます。

ヒント❗

かつてウィンドウズは数年に一度、新しいバージョンの製品が発売されましたが、2015年7月登場の「ウィンドウズ 10」を最後に、新製品による更新は終了しました。現在は2019年5月公開の「Windows 10 May 2019 Update」のように、新機能が追加されたバージョンに更新しながら使うことになります。

ヒント❗

ノートパソコンを操作するときは、本体に備えられたタッチパッドを使いますが、デスクトップパソコンと同じように、マウスを接続して利用することもできます。また、タッチパネルを搭載したノートパソコンでは、ディスプレイをタッチしながら操作ができます。

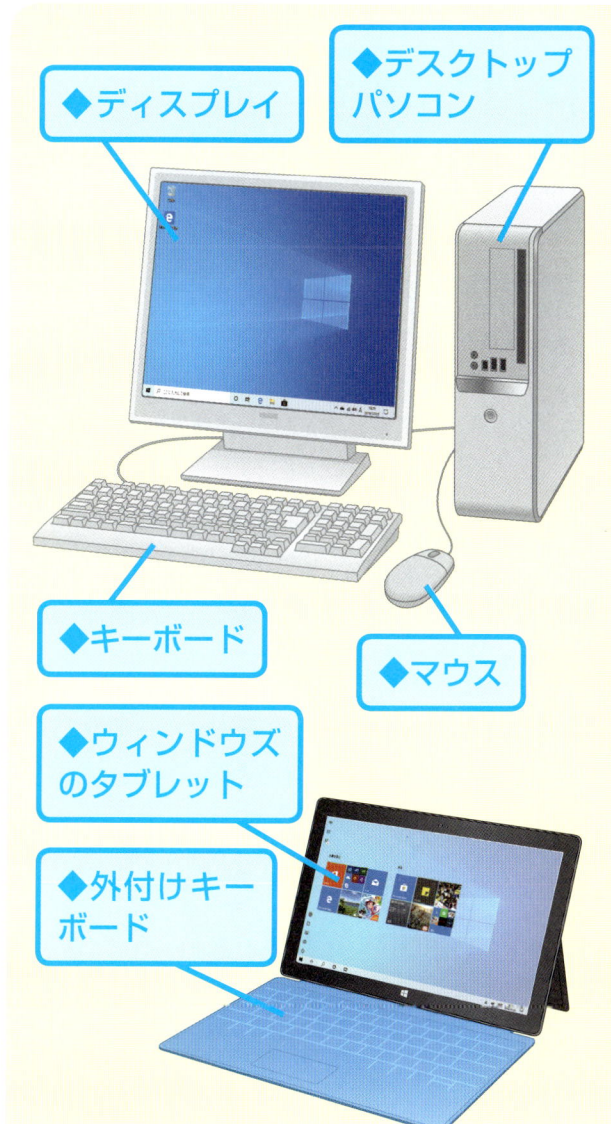

◆ディスプレイ

◆デスクトップパソコン

◆キーボード

◆マウス

◆ウィンドウズのタブレット

◆外付けキーボード

● デスクトップパソコン

机（デスク）の上（トップ）に設置して利用するパソコンです。主な部品が入っている本体、画面を表示するディスプレイ、文字を入力するキーボード、パソコンを操作するマウスなどによって構成されています。本体とディスプレイが一体型になっているモデルも販売されています。

● タブレット

ディスプレイにパソコン本体の機能を一体化し、持ち歩いて利用できるように作られたパソコンです。画面をタッチしながら操作し、文字入力はスマートフォンなどと同じように、画面に表示されたキーボードをタッチして操作します。ワイヤレスなどで外付けタイプのキーボードも利用できます。

ヒント💡

ウィンドウズ 10が搭載されたパソコンは、タッチパネルを採用したモデルが多くなっています。タッチパネル対応のノートパソコンやデスクトップパソコンでは、必要なときのみ、画面にタッチします。タブレットはタッチ操作が中心で、文字も画面にタッチしながら入力します。

ヒント💡

パソコンにはいろいろなタイプがありますが、もっとも広く利用されているのはノートパソコンです。ゲームなどで高性能を追求するときはデスクトップパソコン、外出時も使いたいときは、小型軽量のノートパソコンやタブレットなどが便利です。

インターネットって何？

キーワード　インターネット

インターネットは世界中のコンピューターをつないだ巨大なネットワークです。ブロードバンド対応の回線からプロバイダーなどを経由して、インターネットに接続します。インターネットでは世界中のWebページを見たり、メールの送受信などができます。インターネットのしくみを理解しておきましょう。

世界中のコンピューターをつないだネットワーク

● 気になることや知りたいことをいつでもチェックできる

インターネットは世界中にある企業や団体など、さまざまなコンピューターが接続されているため、いつでも知りたい情報を検索したり、企業のWebページや著名人のブログなどをチェックできます。オンラインショッピングも楽しめます。

世界中の地図を表示できます

企業のWebページや有名人のブログ、SNSなどが見られます

いつでもショッピングが楽しめます

● 離れたところにいる人とメールや写真のやりとりができる

インターネットを利用すれば、離れたところに住んでいる人とメールのやりとりができます。メールといっしょに写真や文書なども送ることもできます。相手がパソコンを使っているときはもちろん、ケータイやスマートフォンを使っている人ともメールでコミュニケーションを楽しめます。

おじいちゃんへこの前の旅行の写真を送ります。

メールで文書や写真を送れます

● SNSでいろいろな人とコミュニケーションが楽しめる

SNS（ソーシャル・ネットワーキング・サービス）を利用すれば、インターネットを介して、友だちや仲間といつでもコミュニケーションが楽しめます。共通の趣味や話題に興味を持つ人と知り合えたり、Webページやメールのやりとりとは違った新しいコミュニケーションが体験できます。

いつでも友だちや仲間とコミュニケーションを楽しめます

そのお店、どこですか？美味しそうだね！

久しぶり！今度地元で集まろうよ。

いいね 👍

インターネットに接続しよう

第1章 パソコンのことを知ろう

インターネットを利用するには通信事業者やプロバイダーと契約し、自分のパソコンをインターネットに接続する必要があります。現在は光回線やADSL、ケー（エーディーエスエル）ブルTVインターネットなど、ブロードバンド接続での利用が一般的で、常にインターネットに接続した状態でパソコンを利用します。

インターネットに接続する方法を知ろう

●ブロードバンド接続の利用

ブロードバンド接続のインターネットを利用するには、通信事業者とプロバイダーと契約します。通信事業者が設置したルーターなどの接続機器に、パソコンを接続すれば、インターネットが利用できるようになります。

◆ブロードバンド接続のルーター
パソコンをインターネットにつなぐための機器です

◆プロバイダー
インターネットへの接続サービスを提供する企業や組織です

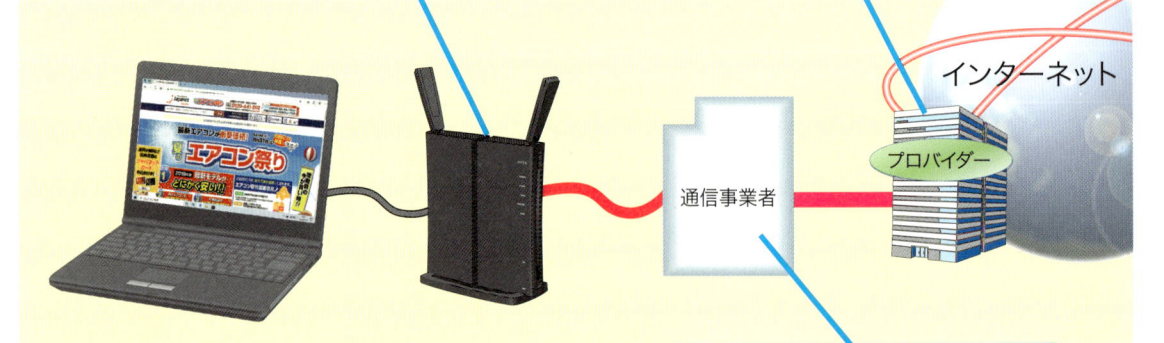

インターネット

通信事業者

プロバイダー

◆通信事業者
通信サービスを提供する企業や組織です

● ブロードバンド回線の種類

ブロードバンド接続のインターネットには、利用する回線によって、主に２つの種類があります。それぞれに特徴があり、料金や利用できる地域なども少しずつ違いますが、自宅などで利用するときはこのいずれかを契約します。

ブロードバンド	解説
光回線	家庭などに光ファイバーを引き込み、100Mbps以上の高速通信が利用できるサービスです。マンションなどでは共同で引き込まれていることもあります
ケーブルテレビ（CATV）接続	ケーブルテレビで利用する配線を利用し、数Mbpsから数十Mbpsの高速通信が利用できるサービスです。ケーブルテレビといっしょに契約する形が一般的です
据置型モバイルルーター	モバイルデータ通信機能を内蔵し、高速通信が利用できます。自宅などに設置した状態で利用します。

ヒント

ノートパソコンやタブレットは、外出先でもインターネットを利用できます。もっとも手軽なのは、ファストフードやカフェなどに設置されているWi-Fiスポット（公衆無線LANサービス）を利用する方法です。スマートフォンのインターネット接続に相乗りする「テザリング」やモバイルWi-Fiルーターと組み合わせて、利用することもできます。4G LTEなどのモバイルデータ通信機能を内蔵したパソコンもあります。モバイル回線を利用したWi-Fiルーターには、自宅などで利用する据置型もあります。

◆無線 LAN（Wi-Fi）
無線でネットワークに接続できる技術です

◆モバイル Wi-Fi ルーター
携帯電話などのモバイルデータ通信機能を搭載した機器です

インターネット

Microsoftアカウントって何？

マイクロソフト

第1章 パソコンのことを知ろう

ウィンドウズではマイクロソフトがインターネットで提供するさまざまなサービスが利用できます。このサービスを利用するには「Microsoftアカウント」が必要です。「Microsoftアカウント」は無料で取得することができ、レッスン㊴で解説する「Outlook.com」のメールアドレスとしても利用できます。

アウトルック・コム

インターネットサービスに必要なアカウント

●インターネットサービスの利用には専用のアカウントが必要

これまでパソコンを使うには、自分のアカウントをパソコンに登録し、起動時にはパスワードを入力して、サインインしていました。これに対し、ウィンドウズ 10ではマイクロソフトがインターネットで提供するさまざまなサービスを利用するため、サインインには「Microsoftアカウント」を使い、自分のパソコンに設定します。Microsoftアカウントを持っていないときは、新たに無料で取得でき、パソコンのセットアップ時に登録できます。

ローカルアカウント（例）
ID:takayuki
パスワード:××××××

インターネットサービスのアカウント（例）
ID:takayuki@example.jp
パスワード:△△△△△△

インターネット
サービス

パソコンやインターネットサービスを利用するときは、それぞれのアカウントでサインインします

Microsoftアカウントでさまざまなサービスを利用できます

●Micorosoftアカウントはパソコンとインターネットサービスで使える

Microsoftアカウントはマイクロソフトがインターネットで提供するサービスを利用でき、パソコンにサインインするときのアカウント（ID）として利用します。Microsoftアカウントはメールサービス「Outlook.com」のメールアドレスが割り当てられ、Facebook（フェイスブック）やTwitter（ツイッター）とも連携できます。

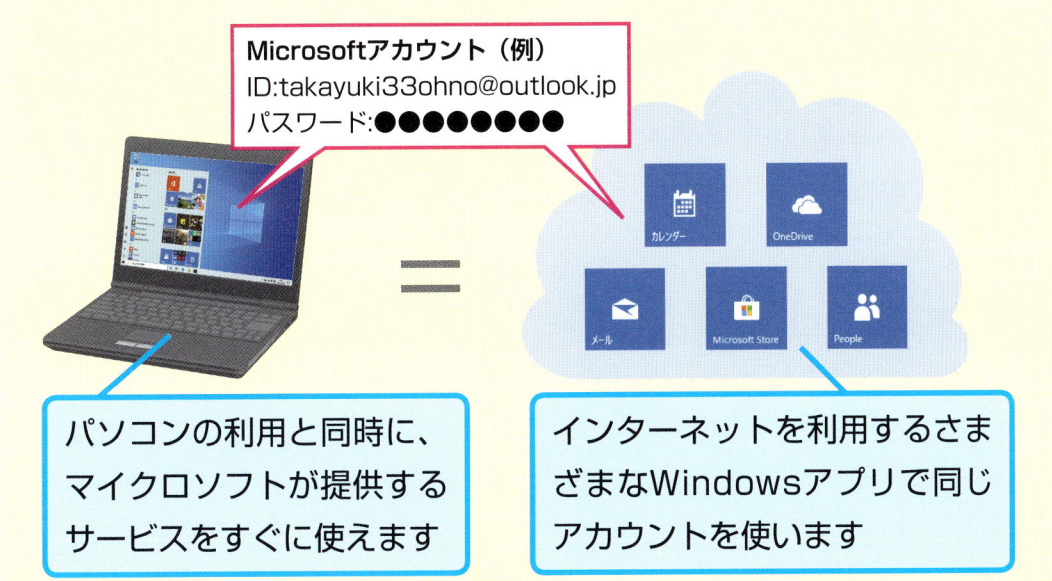

Microsoftアカウント（例）
ID:takayuki33ohno@outlook.jp
パスワード:●●●●●●●●

=

カレンダー　OneDrive
メール　Microsoft Store　People

パソコンの利用と同時に、マイクロソフトが提供するサービスをすぐに使えます

インターネットを利用するさまざまなWindowsアプリで同じアカウントを使います

●Microsoftアカウントで利用できるWindows（ウィンドウズ）アプリ

アプリ名	アプリでできること
OneDrive（ワンドライブ）	マイクロソフトのオンラインストレージサービス「OneDrive」を使うためのアプリです。5GB（ギガバイト）まで無料で利用できます
Microsoft Store（マイクロソフト ストア）	Windowsアプリが配信されている「Microsoftストア」を利用するためのアプリです。映画やドラマなども配信されています
メール	メールをやりとりするためのアプリです。「Outlook.com」をはじめ、Gmail（ジーメール）やYahoo!（ヤフー）メールなどに対応しています
カレンダー	スケジュールやイベントを登録しておくアプリです。予定の日時をパソコンの画面に通知させることもできます
People（ピープル）	Outlook.comやFacebook、Twitterなど、多くのサービスと連携できるアドレス帳アプリです。更新情報も表示されます

マウスの操作方法を知ろう

キーワード🔑 マウス操作

第1章

パソコンのことを知ろう

パソコンを操作するとき、頻繁に使うのがマウスです。マウスを滑らすように動かすと、それに連動して、画面上の「マウスポインター」と呼ばれる矢印（⟋）が動きます。マウスのボタンを押すと、マウスポインターが指すアイコンやタイル、ファイル、フォルダーを選択できます。ひとつずつ確実に操作しましょう。

操作はこれだけ ｜ 動かす

マウスを滑らせて動かします

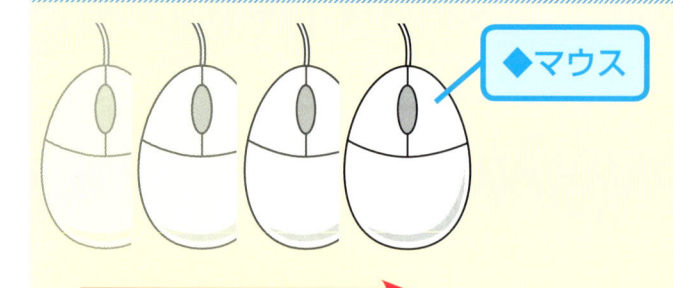

◆マウス

●マウスの移動

マウスを平らな場所に置き、軽く握ってゆっくりと滑らせて動かします。マウスを前後左右に滑らせて動かすと、画面上にあるマウスポインター（⟋）が動きます。

◆マウスポインター

ヒント❗

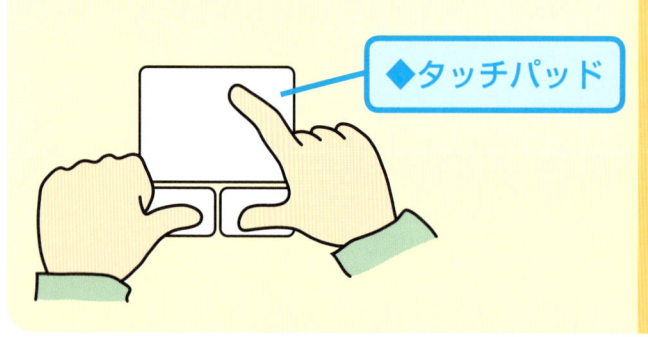

◆タッチパッド

ノートパソコンではマウスの代わりに、本体に装備されたタッチパッドなどを使いますが、一部の製品にはマウスが付属しています。使いはじめたばかりのときは、マウスの方が操作しやすいので、慣れるまではマウスを使うことをおすすめします。

マウスは片手で全体を包み込むように軽く持ちます。左ボタンに人さし指、右ボタンに中指を軽く添えます。一般的に、右利きの場合は右手で持ち、パソコンの右側に置いて、使います。ノートパソコンのタッチパッドは図のように、左右のボタンに両手の親指を軽く乗せ、人さし指で操作します。

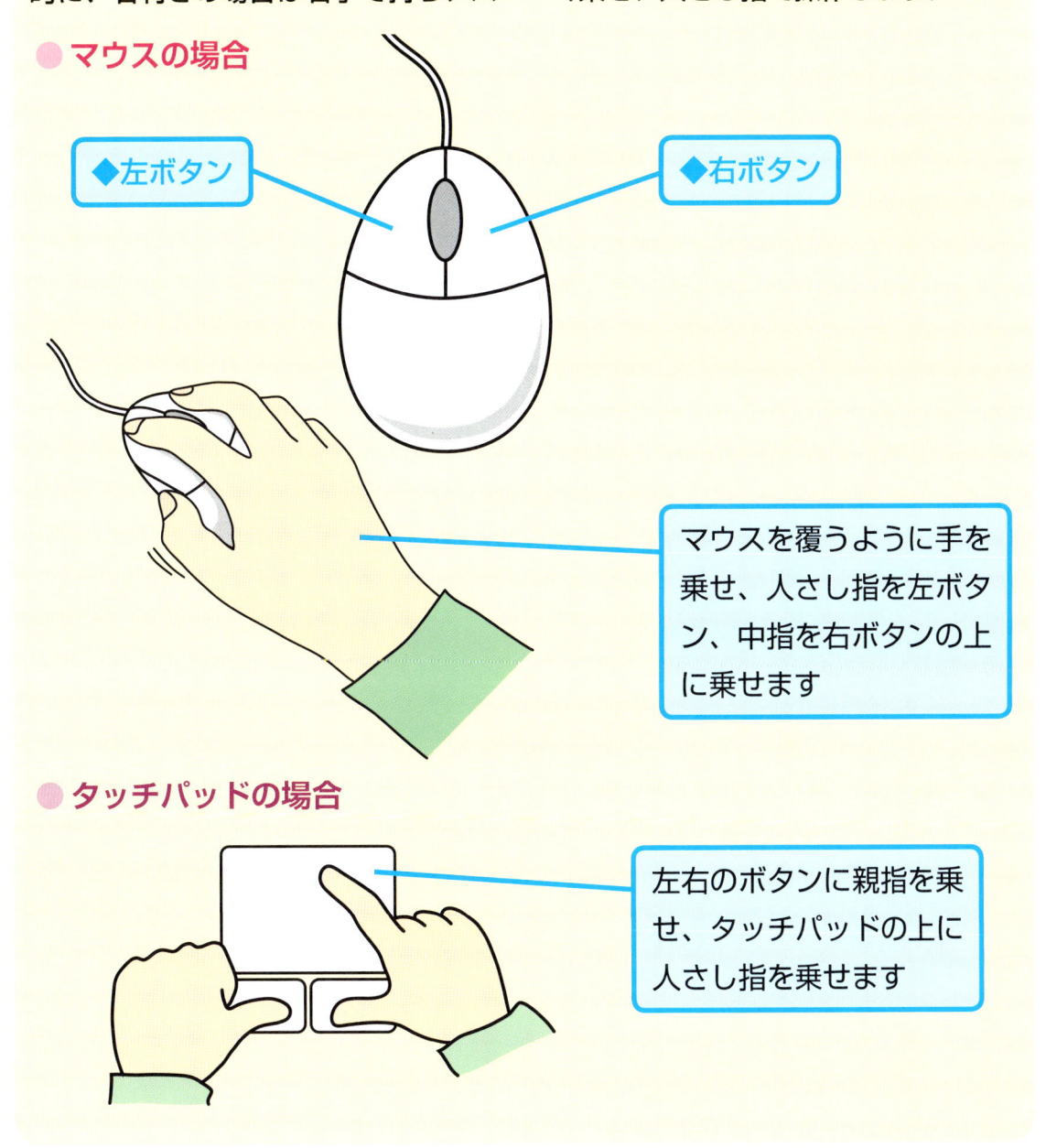

● マウスの場合

◆左ボタン

◆右ボタン

マウスを覆うように手を乗せ、人さし指を左ボタン、中指を右ボタンの上に乗せます

● タッチパッドの場合

左右のボタンに親指を乗せ、タッチパッドの上に人さし指を乗せます

次のページに続く▶▶▶

マウスの動かし方

手で軽く持ったマウスは、机の上を滑らせるように動かすと、それに合わせて、画面に表示された「マウスポインター」と呼ばれる矢印が動きます。マウスを持ち上げると、マウスポインターの動きは止まり、マウスの位置を動かして、机に置くと、再びマウスポインターを動かすことができます。

● マウスポインターの移動

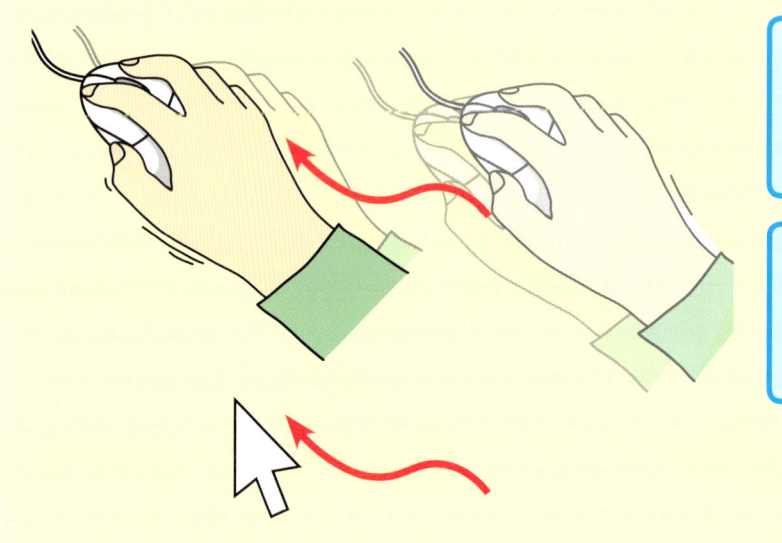

マウスを机上などの平らな場所に置いて滑らせて動かします

動きに合わせてマウスポインター（）が動きます

● マウスの移動

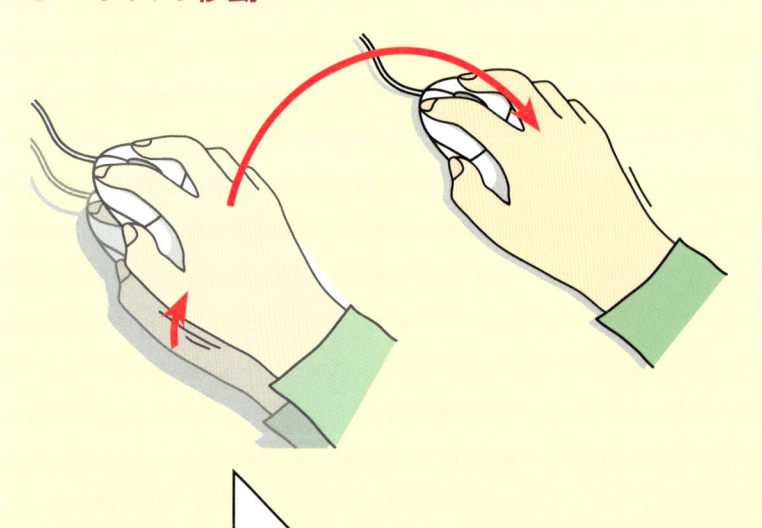

マウスを持ち上げて動かします

持ち上げている間、マウスポインター（）は動きません

クリックの操作

マウスの左ボタンを一度、短く押すことを「クリック」といい、アイコンやリンクなどを選択するときなどに使います。マウスの左ボタンを連続で二度押すことを「ダブルクリック」と呼び、ファイルを開くときなどに使います。マウスの右ボタンを一度、短く押すことは「右クリック」と呼びます。

● クリックの方法

カチッ!

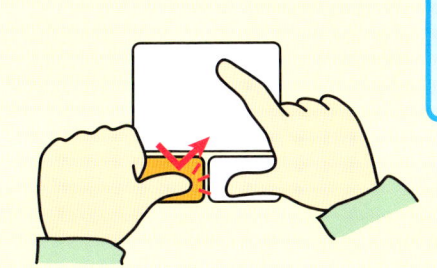

> マウスの左ボタンをカチッと1回、押します

● ダブルクリックの方法

カチッ!
カチッ!

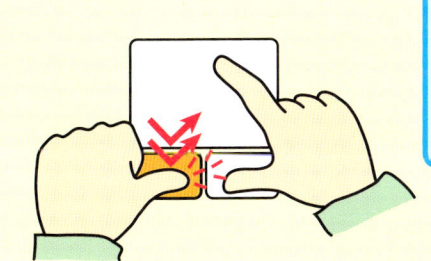

> マウスの左ボタンをカチカチッと2回、連続してクリックします

● 右クリックの方法

カチッ!

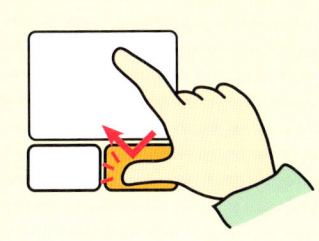

> マウスの右ボタンをカチッと1回、押します

 終わり

 ワイヤレスでインターネットを使いたい

A 無線LAN（Wi-Fi）を利用しましょう

ブロードバンド回線のルーターから離れた場所でインターネットを使いたいときは、ルーターに無線LANアクセスポイントを接続すれば、十数メートルの範囲に電波が届くため、ワイヤレスでインターネットが利用できます。無線LANを利用するには、次のような設定が必要です。

家のどこにいてもインターネットが楽しめる

◆無線 LAN アクセスポイント

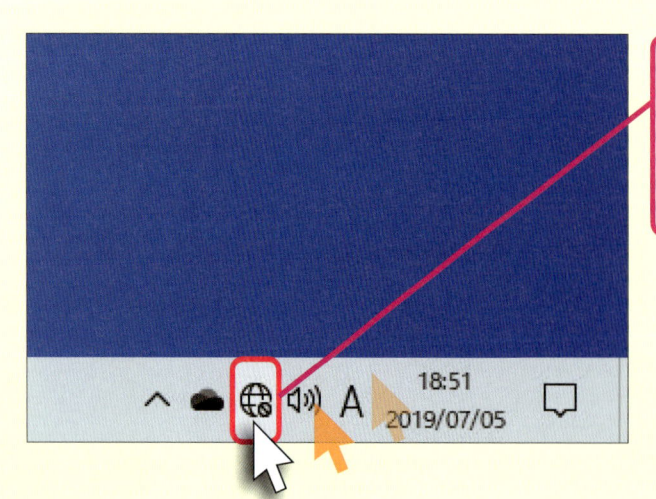

❶🌐に🔺を合わせ、そのまま、マウスをクリック🖱️します

18:51
2019/07/05

第1章 パソコンのことを知ろう

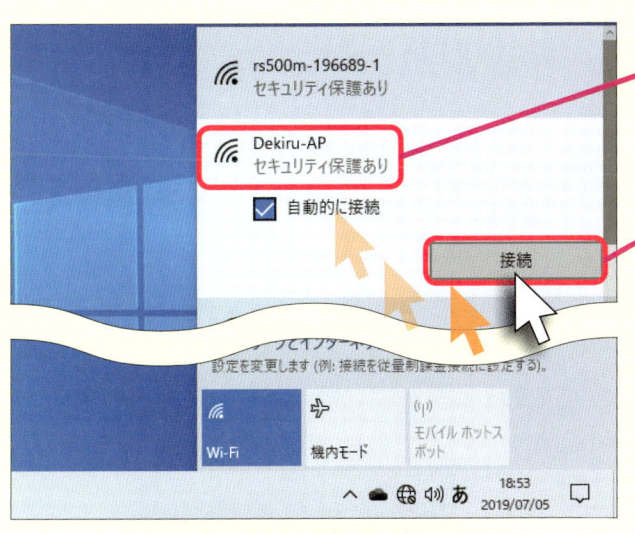

❷ ネットワーク名をクリック 🖱 します

❸ 接続 に 🖱 を合わせ、そのまま、マウスをクリック 🖱 します

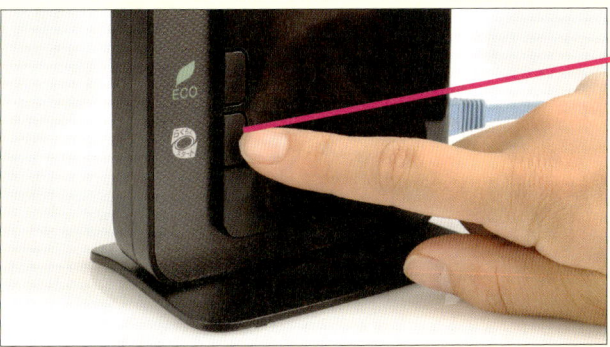

❹ 無線LANアクセスポイントの設定ボタンを長押しします

しばらく、そのまま待ちます

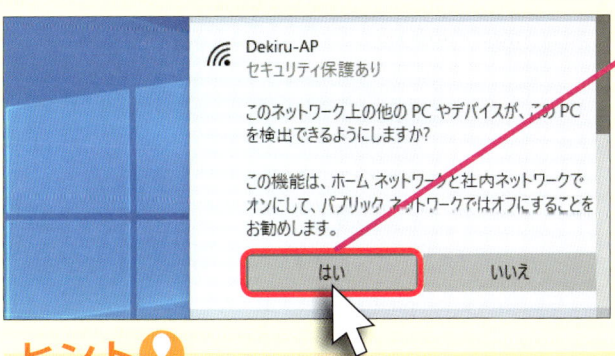

❺ はい に 🖱 を合わせ、そのまま、マウスをクリック 🖱 します

ヒント❗

ここでは無線LANアクセスポイントのボタンを利用した「簡単設定（WPS）」で登録しましたが、無線LANアクセスポイントの暗号化キー（パスワード）を直接、入力して、登録することもできます。暗号化キーは無線LAN機器の本体やパッケージに記載されています。

 **ブロードバンド接続を申し込みたい**

A 家電量販店の店頭や電話で申し込みができます

自宅などで利用するインターネット接続サービスは、家電量販店などで申し込むことができます。専用コーナーで説明員が詳しいサービス内容を説明してくれます。また、通信事業者やプロバイダーのお客様窓口に電話をかけたり、各社のWebページからも申し込むことができます。

家電量販店では専用コーナーを用意して、ブロードバンド接続の申し込みを受け付けています

プロバイダーや通信事業者のお客様窓口に電話して、申し込むこともできます

ヒント

利用するサービスや時期にもよりますが、通常、数週間くらいで工事が行なわれ、ブロードバンド接続のインターネットが利用できるようになります。

第2章

パソコンを使ってみよう

ウィンドウズ 10がインストールされたパソコンを使ってみましょう。ウィンドウズのセットアップ、アプリの起動と終了、[スタート] メニューとデスクトップの表示、タッチパネルの操作など、パソコンを使うための基本をしっかりと確認しましょう。

この章の内容

パソコンを
使えるようにしよう

購入したパソコンを使えるようにするには、まず、ウィンドウズのセットアップを行なう必要があります。セットアップでは無線 LAN に接続するほか、Microsoft アカウントを新たに作成します。作成した Microsoft アカウントは、ウィンドウズでインターネットサービスを利用するときに使います。

操作は
これだけ

クリック 　入力する 　入力モードを切り替える

画面の案内に従って、パソコンを使えるようにします

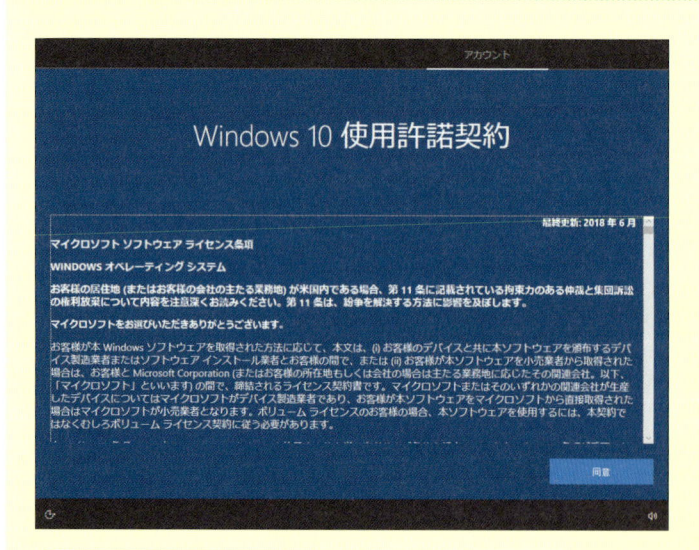

画面に案内される通りにパソコンのセットアップを進めます

パソコンを使いはじめるには、パソコン本体の電源を入れます。はじめてパソコンに電源を入れたときは、ウィンドウズのセットアップがはじまります。セットアップは画面の指示に従って、必要な情報を入力していくだけで、完了します。2回目以降はこうしたセットアップの画面は表示されません。セットアップでは文字を入力する必要がありますが、文字入力については第3章で説明しているので、参照してください。

① パソコン本体の電源を入れます

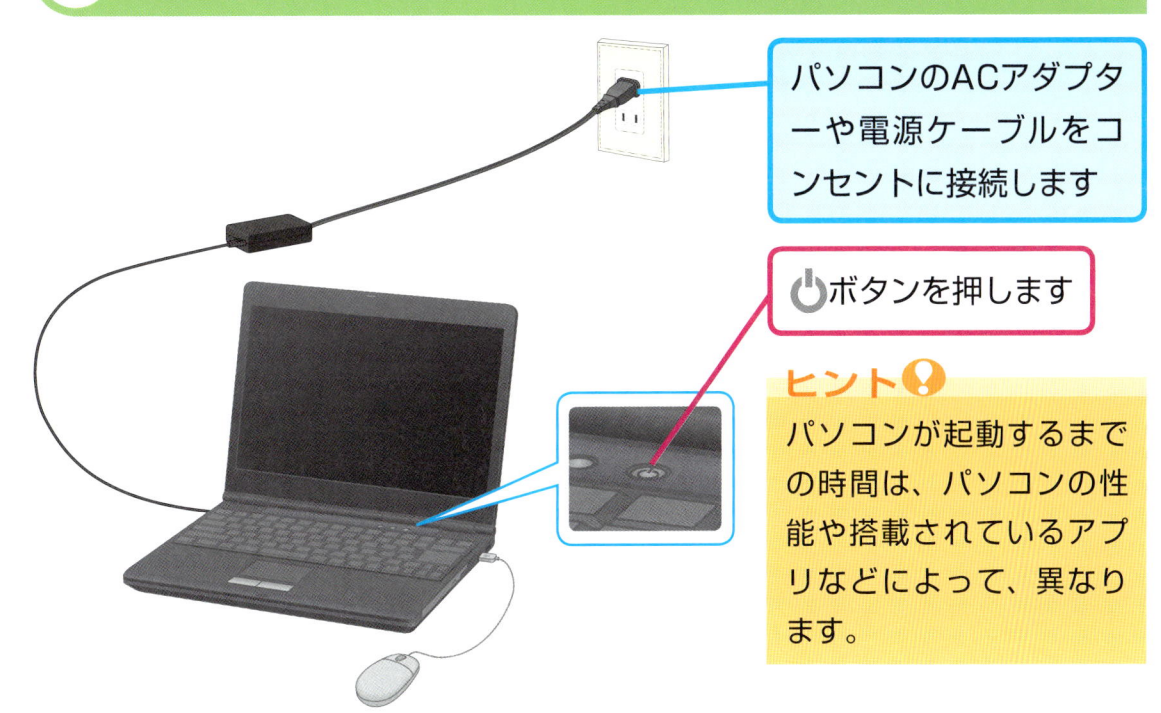

パソコンのACアダプターや電源ケーブルをコンセントに接続します

⏻ボタンを押します

ヒント💡

パソコンが起動するまでの時間は、パソコンの性能や搭載されているアプリなどによって、異なります。

② Windows 10のセットアップを開始します

音声案内が流れ、Windows 10のセットアップが始まります

音を出したくないときは、🔊をクリックしてミュートの状態にできます

しばらく待ちます

次のページに続く▶▶▶

③ 住んでいる地域を選びます

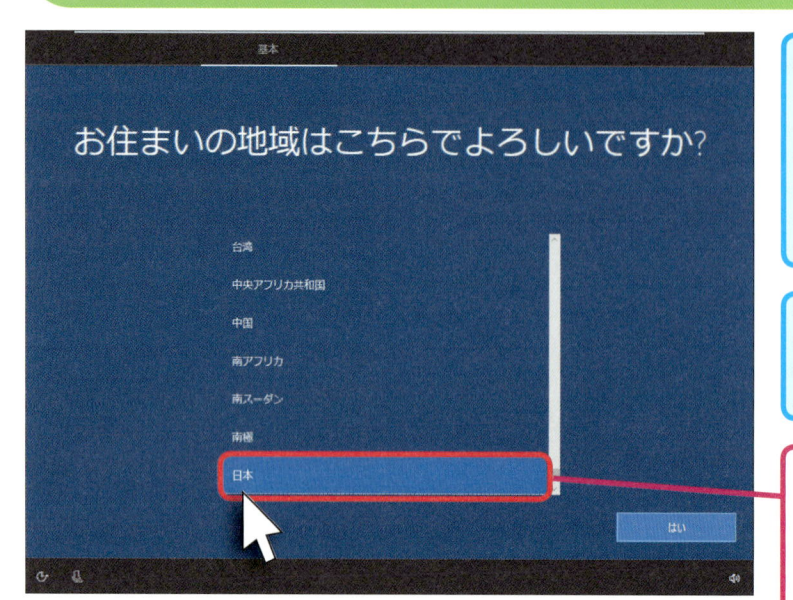

［お住いの地域はこちらでよろしいですか？］の画面が表示されました

ここでは「日本」を選択します

日本 に ↖ を合わせ、そのまま、マウスをクリック します

④ キーボードのレイアウトを選びます

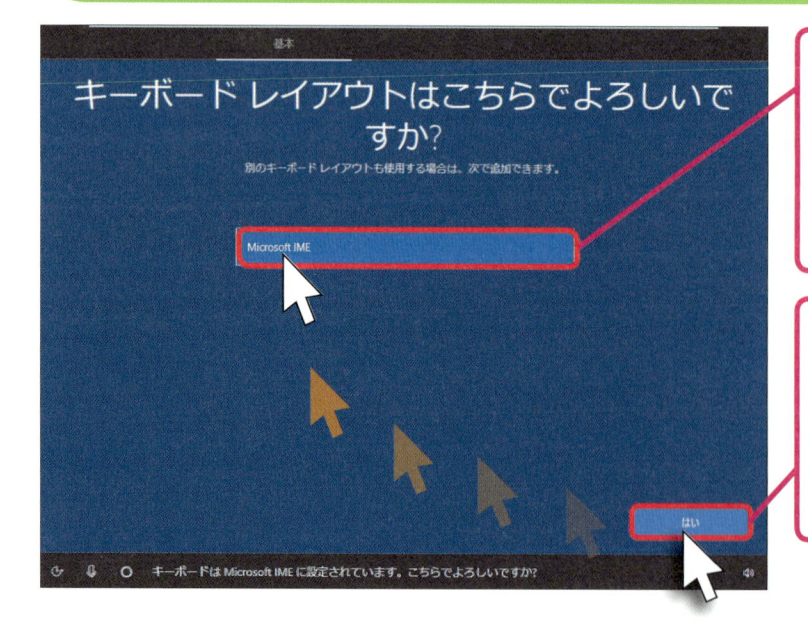

❶ Microsoft IME に ↖ を合わせ、そのまま、マウスをクリック します

❷ はい に ↖ を合わせ、そのまま、マウスをクリック します

⑤ 2つ目のキーボードのレイアウトを選びます

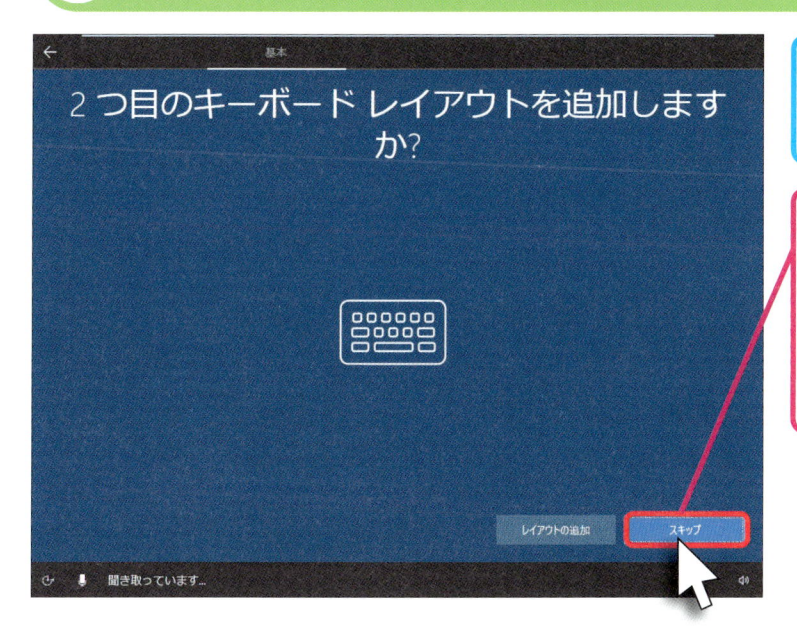

ここでは2つ目のキーボードは追加しません

スキップ に ↖ を合わせ、そのまま、マウスをクリック し ます

⑥ 無線LANアクセスポイントを選びます

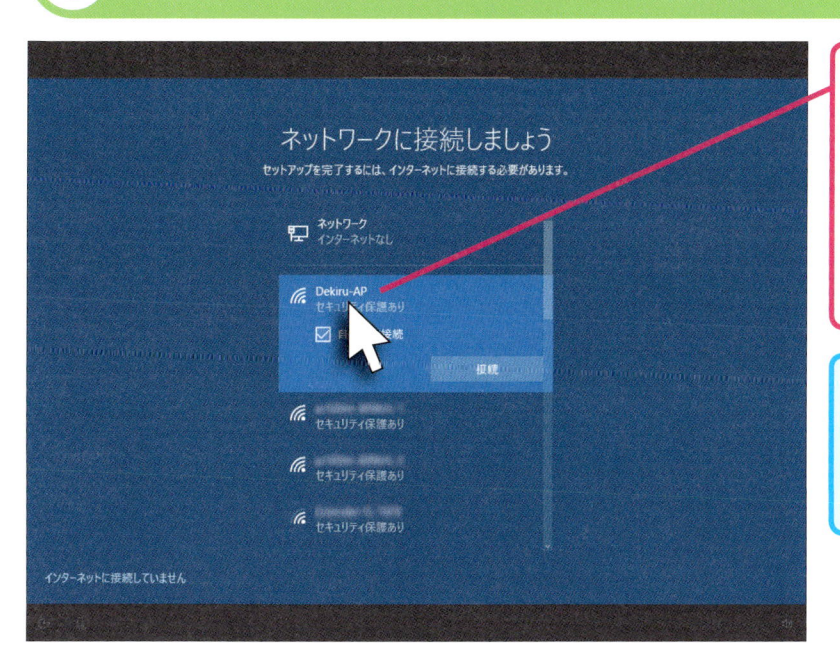

アクセスポイント名に ↖ を合わせ、そのまま、マウスをクリック し ます

この画面が表示されないときは、手順10に進みます

次のページに続く▶▶▶

⑦ 無線LANアクセスポイントの暗号化キーを入力します

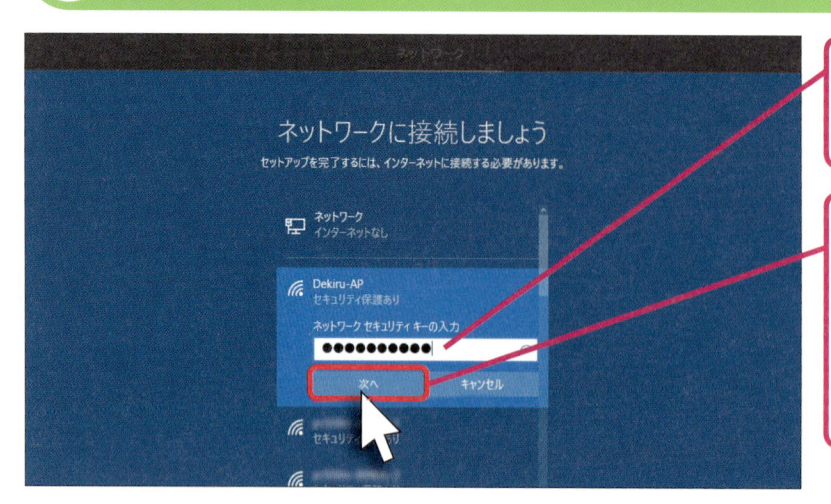

❶暗号化キーを
入力します

❷ 次へ(N) に を合わせ、そのま
ま、マウスをクリ
ックします

ヒント❗

手順7で入力している暗号化キーは、
無線LANアクセスポイント本体の側面
や底面に貼られたシールなどに記載さ
れています。また、30ページのQ&A
で解説しているように、無線LANアク
セスポイントの簡易設定機能を使い、
設定ボタンを押して、設定することも
できます。

⑧ パソコンを検出できるかどうかを選択します

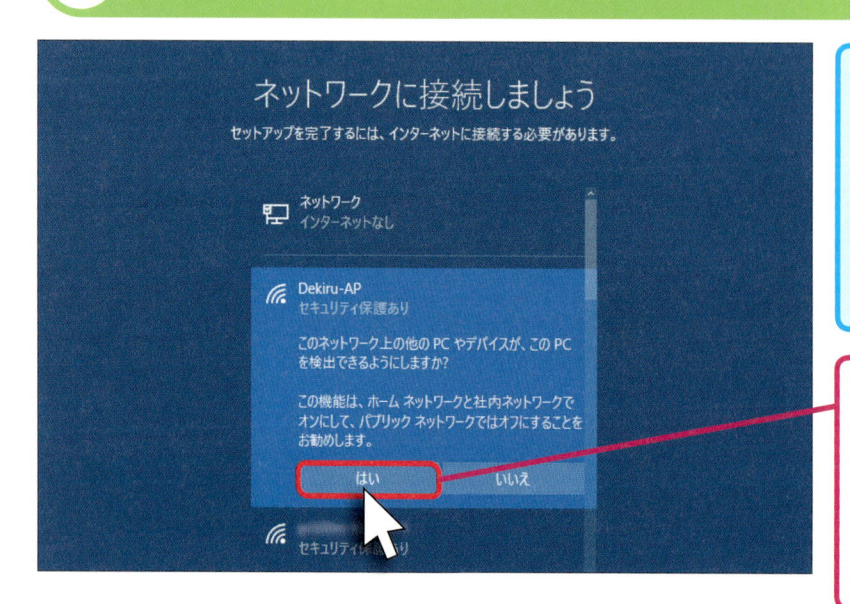

ネットワーク上で
パソコンを検出で
きるようにするか
を確認する画面が
表示されました

はい に を合わせ、そのま
ま、マウスをクリ
ックします

⑨ インターネットに接続しました

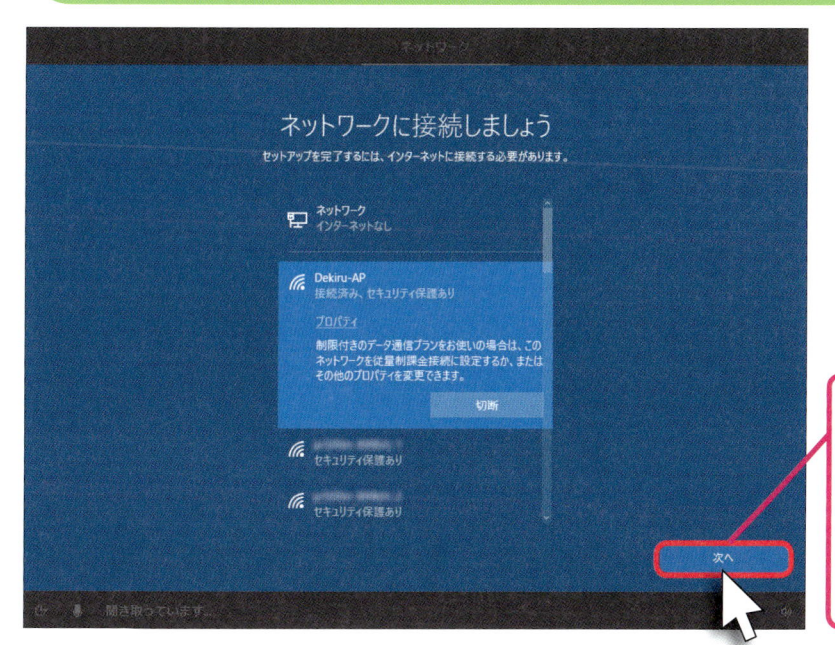

次へ に👆
を合わせ、そのま
ま、マウスをクリ
ック 🖱 します

⑩ ソフトウェアライセンス条項を承諾します

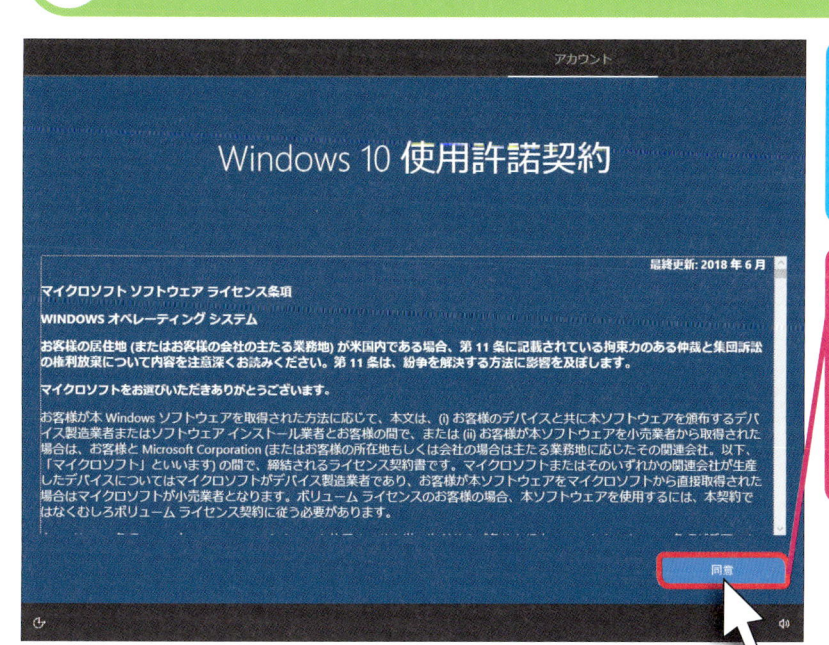

ソフトウェアライ
センス条項を確認
します

同意 に👆
を合わせ、そのま
ま、マウスをクリ
ック 🖱 します

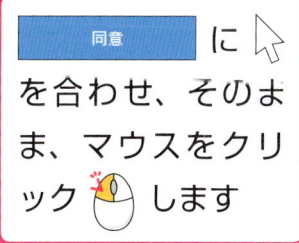

次のページに続く ▶▶▶

⑪ Microsoftアカウントを新規に作成します

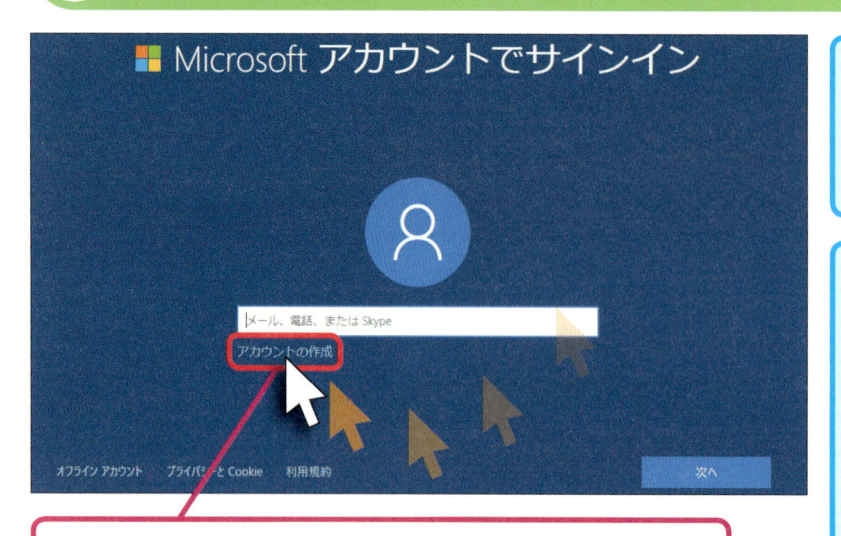

ここでは新規に
Microsoftアカウ
ントを作成します

すでに取得済みの
Microsoftアカウ
ントがあるとき
は、そのメールア
ドレスとパスワー
ドを入力します

[アカウントの作成]に🔺を合わせ、そのまま、
マウスをクリック🖱️します

ヒント❗

手順11で、左下の［オフラインアカ　　　インすることができます。ただし、ロ
ウント］を選ぶと、ローカルアカウン　　ーカルアカウントでは利用できる機能
トを作成して、ウィンドウズにサイン　　やサービスなどが制限されます。

⑫ メールアドレスを新規に作成します

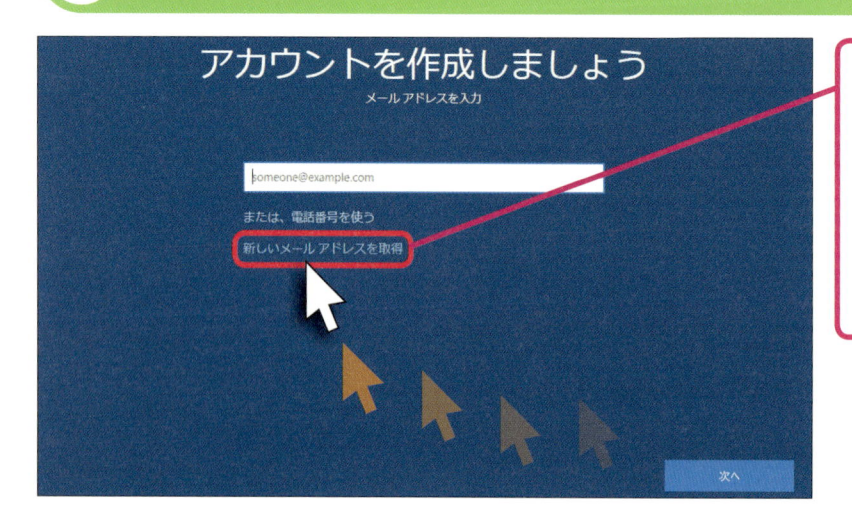

[新しいメールアド
レスを取得]に🔺
を合わせ、そのま
ま、マウスをクリ
ック🖱️します

⑬ メールアドレスを入力します

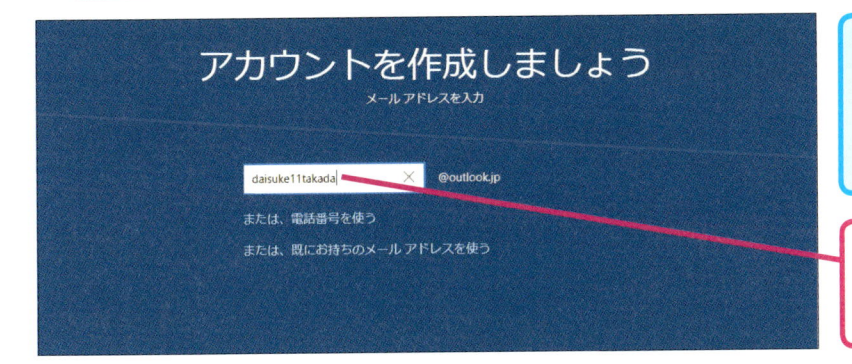

> Microsoftアカウ
> ントのメールアド
> レスを入力します

> 希望するメールア
> ドレスを入力します

⑭ パスワードを入力します

> パスワードは8文字以上で入力します

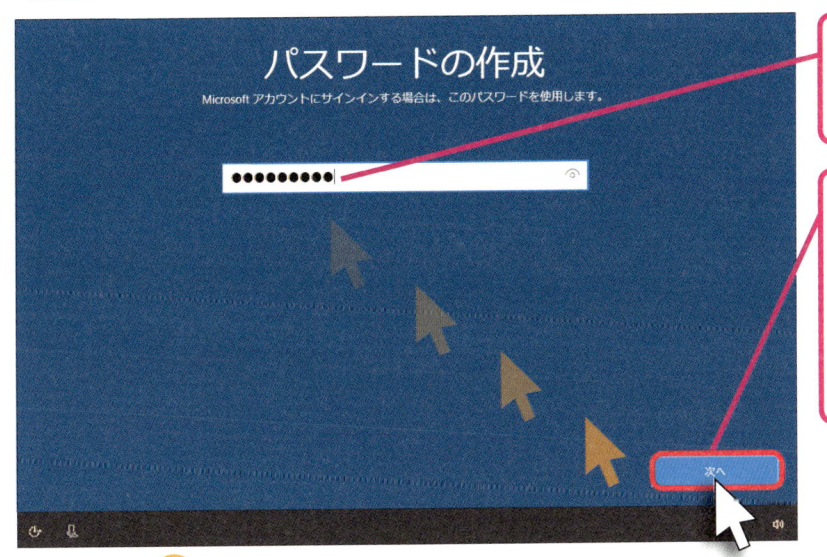

> ❶ パスワードを入
> 力します

> ❷ [　次へ　] に
> を合わせ、そのま
> ま、マウスをクリ
> ック します

ヒント

作成しようとしたメールアドレスがす
でに取得済みのときは、「このメールア
ドレスは既に使われています。別の名
前を試すか、次の中から選んでくださ
い」と表示されます。このようなとき
は手順13の画面で、「＠（アットマー
ク）」よりも前の部分に違う文字を入力
するか、「次の中から選んでください」
をクリックして、表示された候補から
選ぶことができます。

次のページに続く▶▶▶

⑮ 国と生年を入力します

[日本] が選択されて
いることを確認します

❶ yyyy/mm/dd に を合わせ、そのま
ま、マウスをクリック します

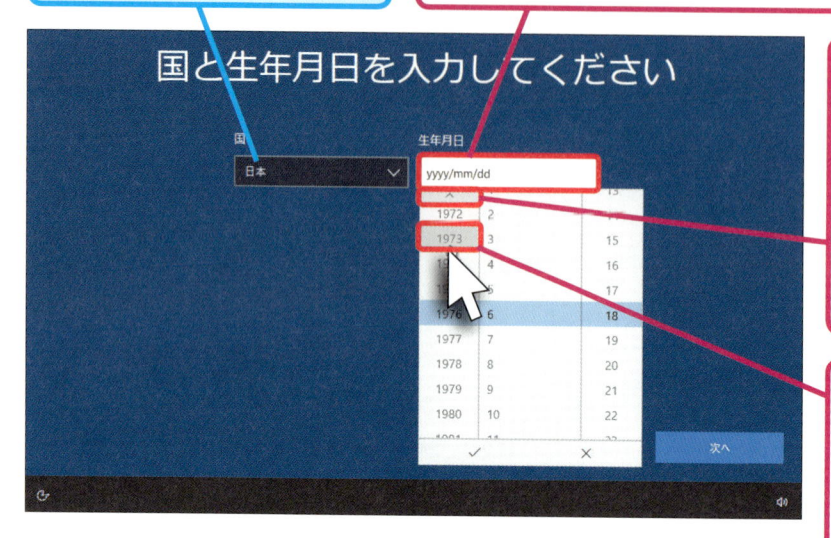

❷ ここに を合
わせ、そのまま、
マウスをクリック
して生年を表
示します

❸ 入力する生年に
を合わせ、その
まま、マウスをク
リック します

⑯ 生まれた月日を入力します

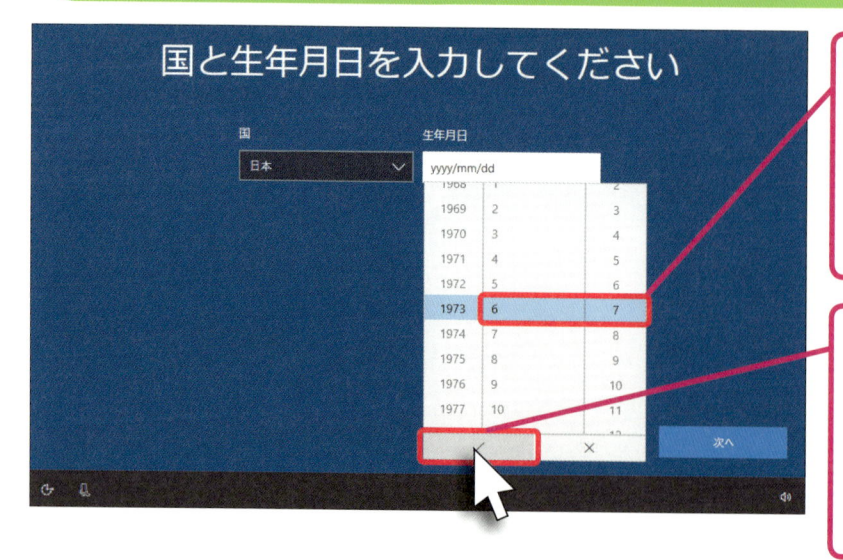

❶ 入力する月日に
を合わせ、その
まま、マウスをク
リック します

❷ ✓ に
を合わせ、その
まま、マウスをク
リック します

第2章 パソコンを使ってみよう

⑰ 生年月日を登録します

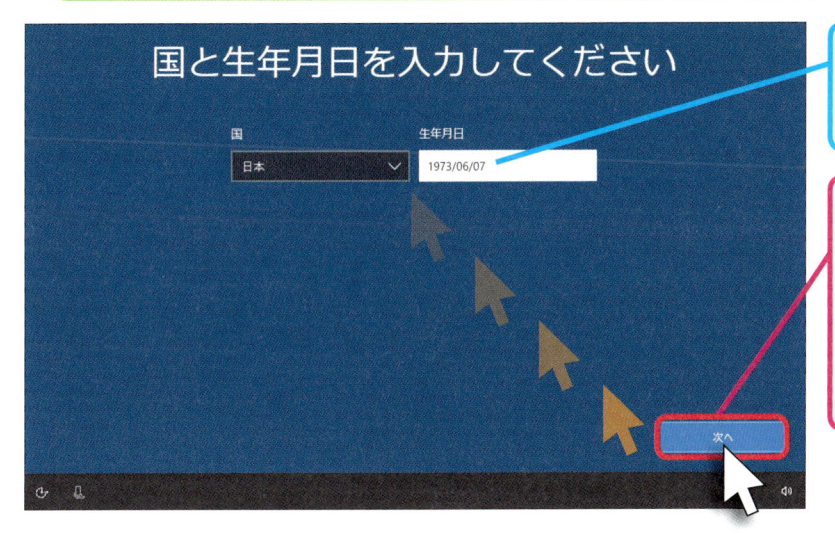

国と生年月日を入力してください

生年月日が入力され
ました

次へ に を合わせ、そのま
ま、マウスをクリ
ック します

国
日本

生年月日
1973/06/07

⑱ セキュリティ情報を追加します

[日本] が選択されている
ことを確認します

❶電話番号を入力

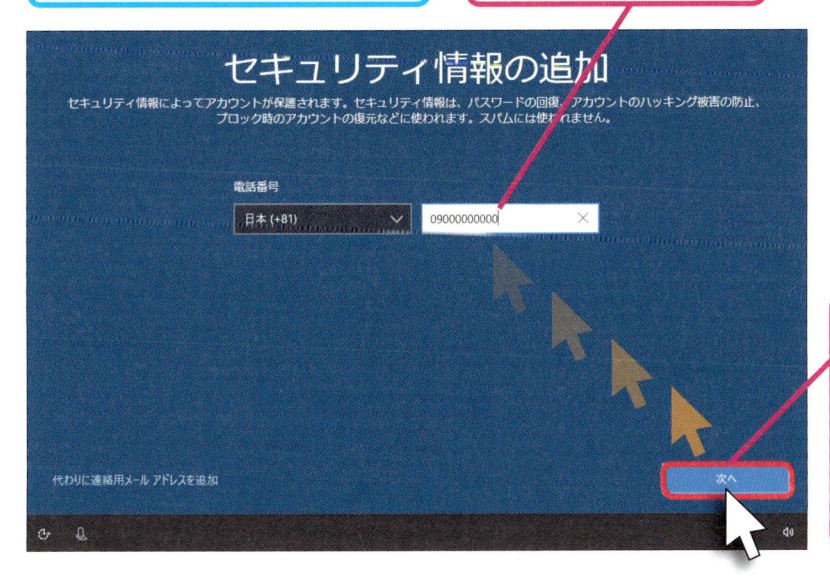

セキュリティ情報の追加

セキュリティ情報によってアカウントが保護されます。セキュリティ情報は、パスワードの回復、アカウントのハッキング被害の防止、
ブロック時のアカウントの復元などに使われます。スパムには使われません。

電話番号
日本 (+81)   09000000000

代わりに連絡用メールアドレスを追加

❷ 次へ に
を合わせ、その
まま、マウスをク
リック します

次のページに続く ▶▶▶

⑲ サービス規約を確認します

サービス規約の同意を確認する画面が表示されました

[Microsoftサービス規約] と [プライバシーとCookieに関する声明] をクリックして、規約を確認しておきます

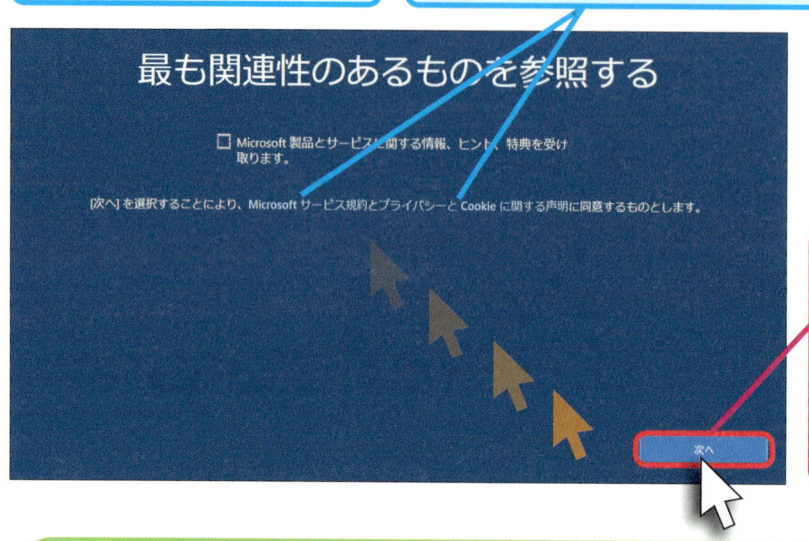

次へ に を合わせ、そのまま、マウスをクリックします

⑳ PINを作成します

PIN の作成 に を合わせ、そのまま、マウスをクリックします

ヒント

PINは4けた以上の数字による暗証番号で、ウィンドウズのサインインに使います。

㉑ PINを入力します

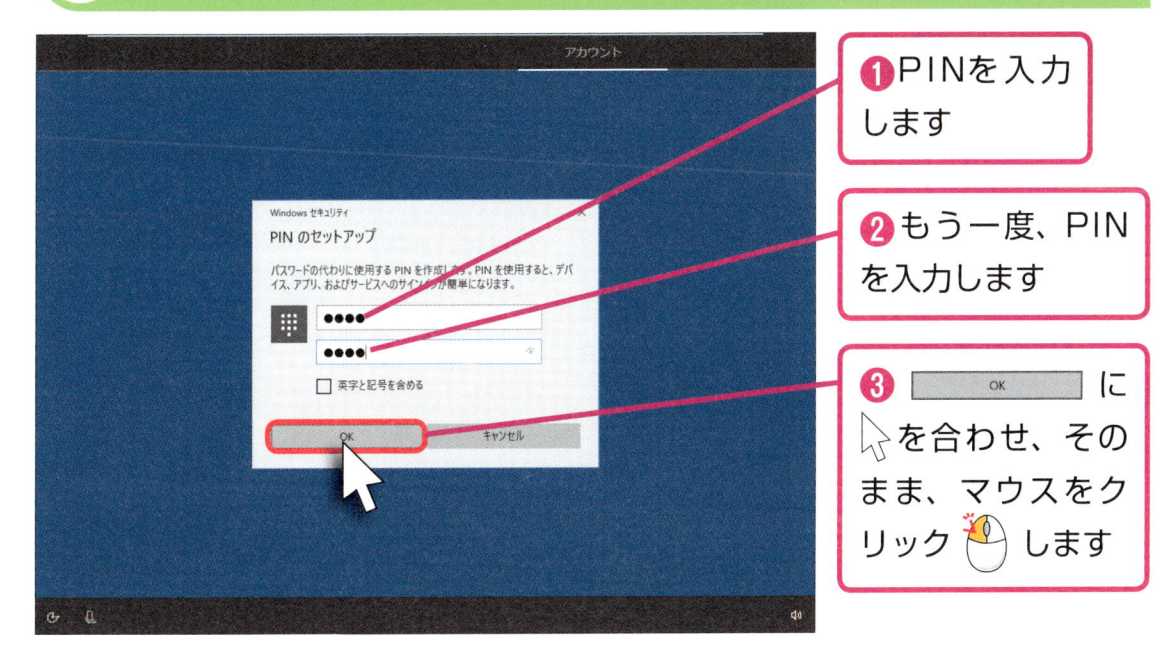

❶PINを入力します

❷もう一度、PINを入力します

❸ OK に を合わせ、そのまま、マウスをクリック します

㉒ アクティビティの履歴の設定をします

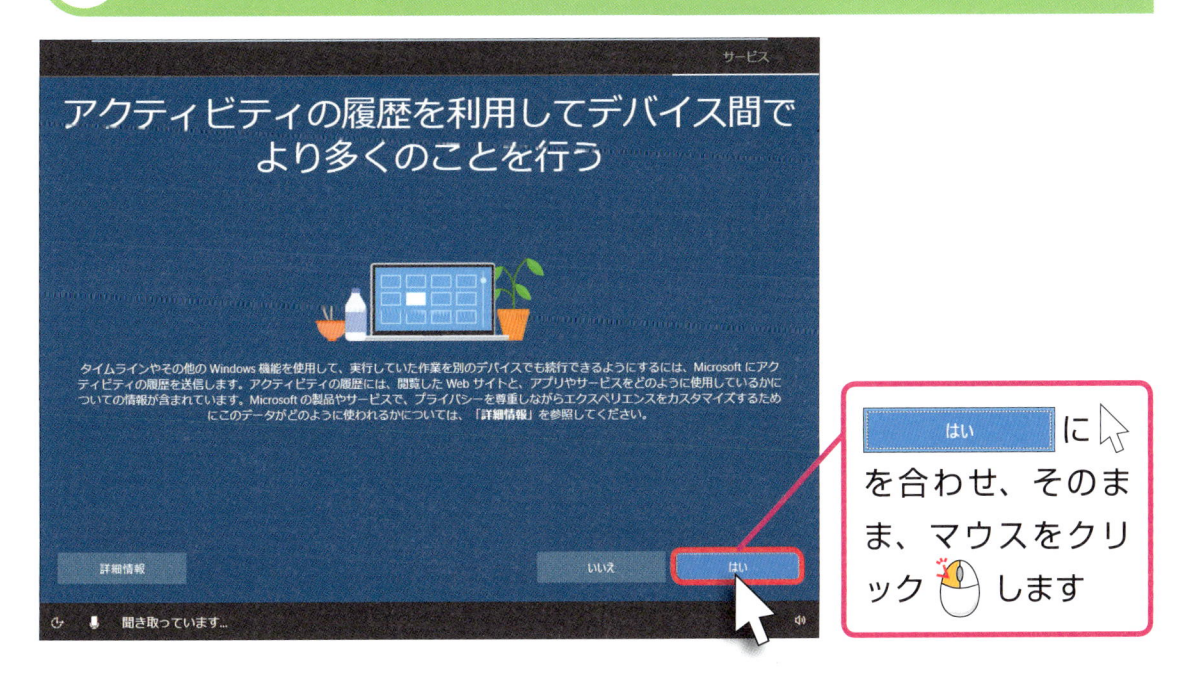

はい に を合わせ、そのまま、マウスをクリック します

次のページに続く▶▶▶

㉓ スマートフォンとのリンクを設定します

Android または iPhone をこの PC にリンクする

ここではスマートフォンとのリンクを設定しません

後で処理する に ⬚ を合わせ、そのまま、マウスをクリック します

㉔ OneDriveの設定を実行します

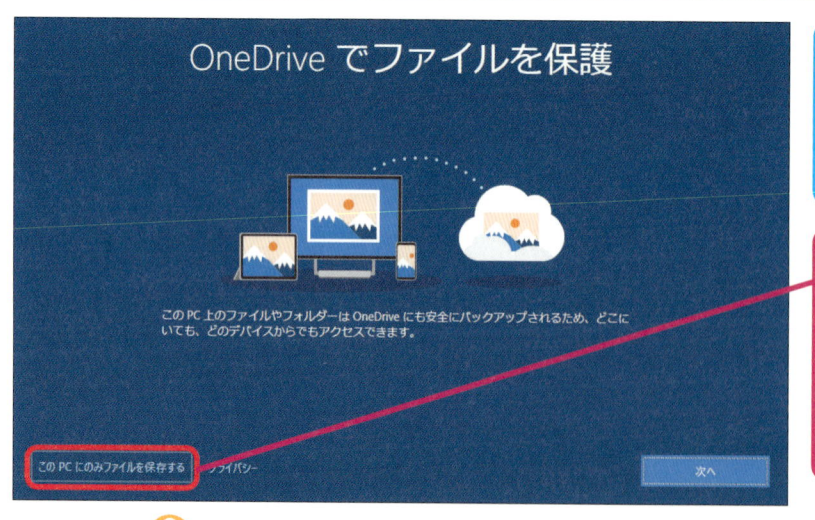

OneDrive でファイルを保護

ここではパソコンにファイルを保存する設定にします

この PC にのみファイルを保存する に ⬚ を合わせ、そのまま、マウスをクリック します

ヒント

手順24で設定する「OneDrive」は、インターネット（クラウド）に用意された自分専用のデータ保存用ストレージです。OneDriveにはパソコンで作成した文書や取り込んだ写真などを保存できるだけでなく、パソコンの基本的な設定も保存できます。万が一、パソコンにトラブルが起きたときでも写真などを残せるうえ、将来的にパソコンを買い換えたときもデータをスムーズに移行できます。ここではパソコンにデータを保存するように設定します。

第2章 パソコンを使ってみよう

㉕ Cortanaの設定をします

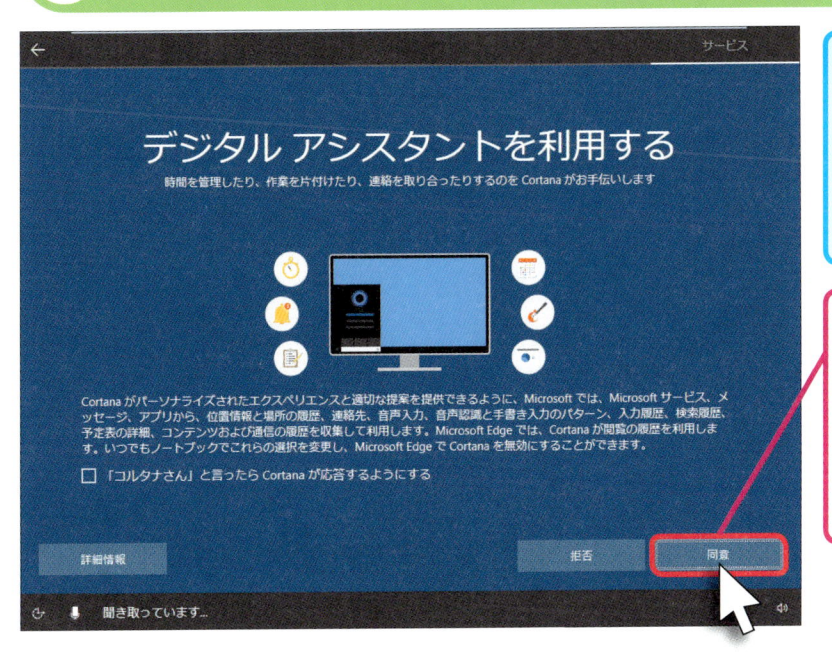

[デジタルアシスタントを利用する]の画面が表示されました

同意 に を合わせ、そのまま、マウスをクリックします

㉖ プライバシー設定を選択します

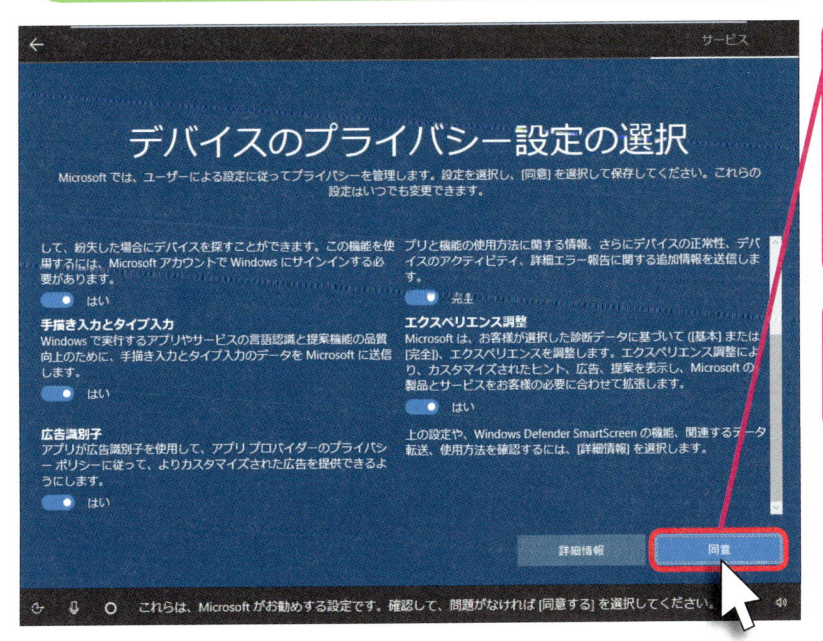

❶ 同意 に を合わせ、そのまま、マウスをクリックします

❷しばらく待ちます

デスクトップが表示されます

 終わり

デスクトップを表示しよう

キーワード🔑 ロック画面、サインイン、デスクトップ

ウィンドウズがインストールされたパソコンを起動したら、ロック画面をクリックして、サインインの画面を表示します。サインインの画面でセットアップ時に登録したPINを入力します。サインインすると、ウィンドウズの基本画面となる「デスクトップ」の画面が表示されます。

操作はこれだけ ▶ クリックする 　　入力する 　　合わせる

PINを入力して、サインインします

●ウィンドウズにサインイン

ウィンドウズではパソコンに電源を入れたときや再起動して、使いはじめるとき、PINを入力して、サインインします。サインインはパソコンに登録された ユーザーであることを認証するためのものです。サインインをしないと、パソコンを使うことはできません。

PINを入力します

サインインが完了すると、デスクトップが表示されます

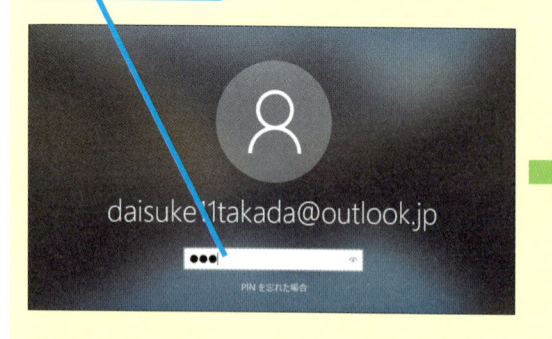

① サインインの画面を表示します

21:34
6月18日（火）

パソコンを起動して、ロック画面を表示しておきます

◆ロック画面

ロック画面をクリックします

② PINを入力します

daisuke11takada@outlook.jp

PIN を忘れた場合
サインイン オプション

レッスン❼の手順21で登録したPINを入力します

セットアップで登録したPINを入力します

ヒント

サインインに使うPINは、キーボードから入力します。パソコンのセットアップ時に登録したPINを間違えないように入力しましょう。

次のページに続く ▶▶▶

③ デスクトップが表示されました

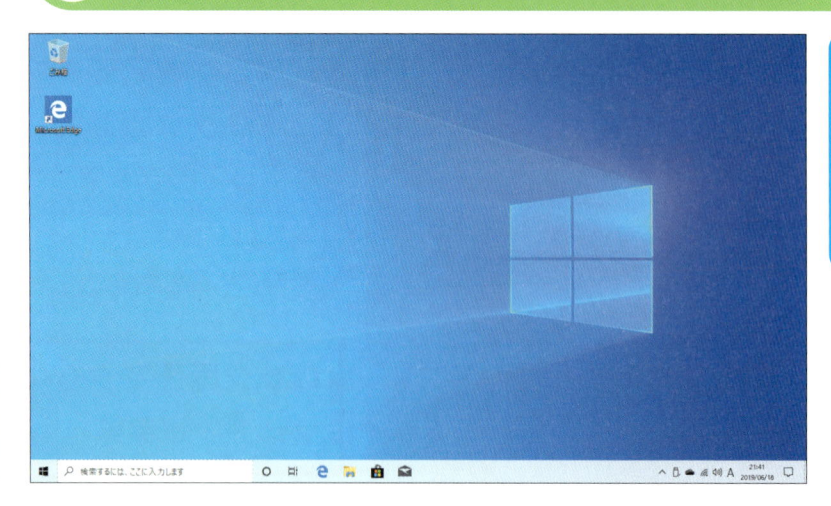

デスクトップが表示されれば、パソコンを使うための準備は完了です

ヒント💡

パソコンに指紋センサーなどが備えられているときは、「Windows Hello」と呼ばれるウィンドウズの生体認証を使って、サインインができます。レッスン㉓を参考に、[Windowsの設定]を表示し、[アカウント]の[サインインオプション]を表示します。[Windows Hello]で[セットアップ]を選んで、設定します。生体認証には指紋認証のほかに、カメラを利用した生体顔認証があり、対応したカメラが搭載されたパソコンで利用できます。

ヒント💡

ウィンドウズにサインインするためのPINを忘れてしまったときは、手順2の画面で[PINを忘れた場合]をクリックすると、ほかのサインインの方法が表示されるので、Microsoftアカウントのパスワードを入力して、サインインしましょう。サインインができたら、レッスン㉓を参考に、[Windowsの設定]を表示し、[アカウント]の[サインインオプション]を表示します。設定済みのPINを削除し、もう一度、PINを設定し直しましょう。

ヒント

手順3ではデスクトップの画面が表示されていますが、パソコンによって、表示されているアイコンや背景の画像などが異なることがあります。これは それぞれのメーカーが独自のアプリや画像をあらかじめ搭載しているためです。セットアップの流れについては、レッスン❼で詳しく解説しています。

ヒント

ここではロック画面をマウスでクリックし、サインイン画面を表示しました。パソコンがタッチパネルに対応しているときは、以下のように、画面を下 から上へ弾くように触れると、サインインの画面が表示されます。タッチパネルの操作については、レッスン⑬で解説しているので、参照してください。

画面を下から上へ、
弾くように触れます

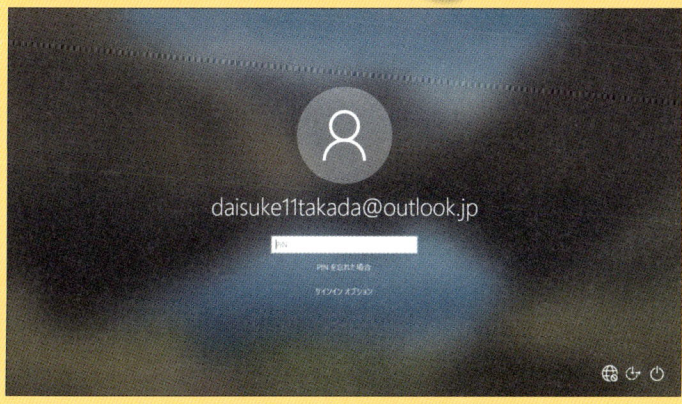

サインインの画面が
表示されました

 終わり

[スタート] ボタンを押してみよう

動画で
見る

キーワード🔑 [スタート] ボタン

ウィンドウズではアプリを起動したり、機能を利用した操作をはじめるとき、[スタート]メニューを使います。[スタート]メニューはデスクトップ左下の [スター

ト]ボタンを押すと、表示されます。[スタート] メニューにはそのパソコンで利用できるアプリや最新情報が表示されるタイルが登録されています。

**操作は
これだけ** 合わせる    クリックする

[スタート] ボタンをクリックします

● [スタート] ボタンの操作
を [スタート] ボタンに合わせ、そのままクリックして、[スタート] ボタンを押します。[スタート] メニューが表示されます。

◆[スタート]ボタン

● [スタート] メニューの役割
パソコンで利用できるアプリや機能を起動したり、右側のスタート画面に天気やニュースなどの最新情報を表示することができます。

◆[スタート]メニュー

◆スタート画面

① [スタート]ボタンをクリックします

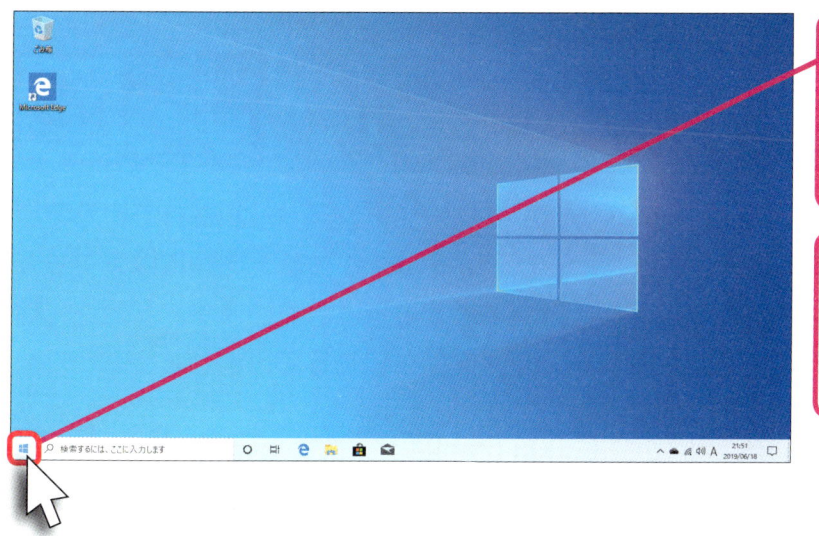

❶デスクトップの
画面左下にある⊞
に⌖を合わせます

❷そのまま、マウ
スをクリック
します

② [スタート]メニューが表示されました

画面の左側に[ス
タート]メニュー
が表示されました

[スタート]メニュー
ーの幅は、パソコ
ンによって異なり
ます

ヒント💡

[スタート]メニューの右側のエリアに表示されている
スタート画面には、アプリのタイルが表示されていま
す。タイルで表示されているアプリの一部は、インター
ネットから最新の情報を受信し、天気やニュースなどを
タイルに直接、表示することができます。

終わり

レッスン 10 アプリを起動しよう

動画で見る

キーワード 🔑 [スタート] メニュー

[スタート] メニューからウィンドウズに搭載されているアプリを起動してみましょう。アプリはウィンドウズで利用できる機能のことで、左側には [よく使うアプリ] やインストールされているアプリのアイコンが並び、右側にはアプリがタイルで表示されています。[ニュース] のアプリを起動してみましょう。

操作はこれだけ　　合わせる 　　クリック 　　ドラッグ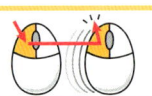

[スタート] メニューを使ってアプリを起動します

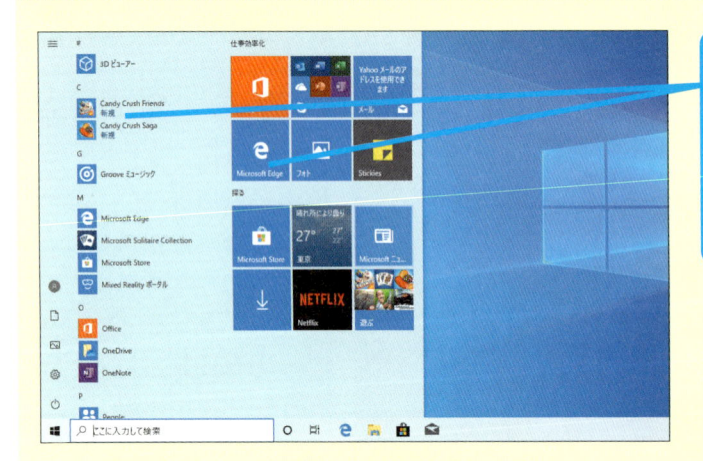

[スタート] メニューのアイコンやタイルをクリック🖱️ すると、アプリケーションが起動します

ヒント❗

ウィンドウズで使うことができるアプリは、タスクバーに表示されている[ストア] からダウンロードして、インストールすることができます。操作については、235ページの付録1で詳しく解説しています。

◆ Microsoft Store

① [Microsoft ニュース] アプリを起動します

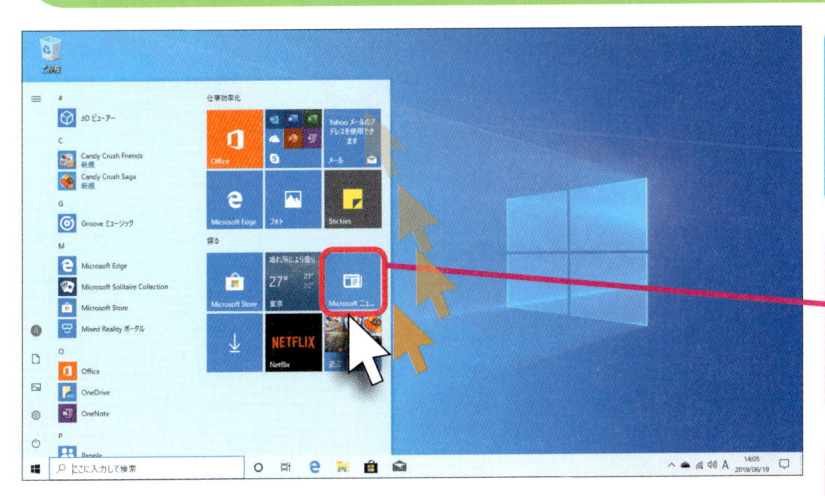

[スタート] メニューを表示しておきます

❶ [Microsoftニュース] に 🔲 を合わせます

❷ そのまま、マウスをクリック 🖱 します

ヒント❗

セットアップ時にMicrosoftアカウントを登録していない場合、アプリによっては起動時に「Microsoftアカウントが必要です」と表示されます。Microsoftアカウントに切り替える方法については、65ページのQ&Aを参照してください。

② [Microsoft ニュース] アプリの利用を開始する

「Microsoft Store」アプリが起動したら、付録1の手順5、6を参考に、[Microsoftニュース] アプリをインストールしておきましょう

[Microsoft ニュース] アプリが起動しました

❶ [スキップ] に 🔲 を合わせ、そのまま、マウスをクリック 🖱 します

次のページに続く ▶▶▶

③ ニュース速報の設定を実行します

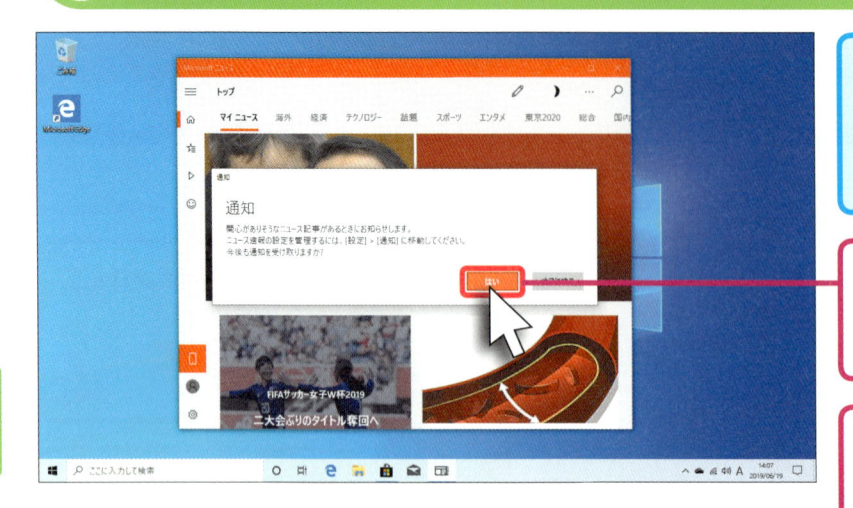

ここではニュース
速報が表示される
ように設定します

❶　はい　に🖱を合
わせます

❷そのまま、マウ
スをクリック🖱
します

ヒント💡

マップや天気、ニュースなどのアプリ
は、現在地に合った情報を提供するた
め、位置情報の利用を確認する画面が
表示されることがあります。以下のよ
うな画面が表示されたときは［はい］
ボタンをクリックしましょう。

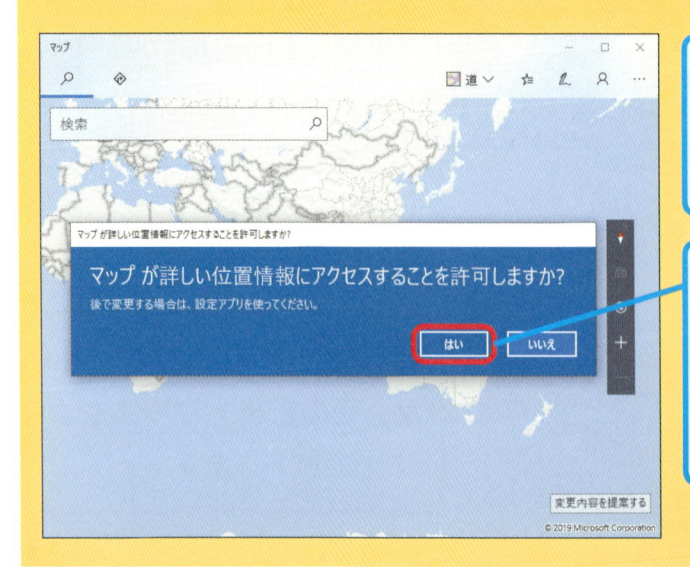

［マップ］アプリを起動す
ると、位置情報の利用を確
認する画面が表示されます

　はい　に🖱を合わせ、そ
のまま、マウスをクリック
🖱　すると、現在地周辺
の地図が表示されます

④ 記事を表示します

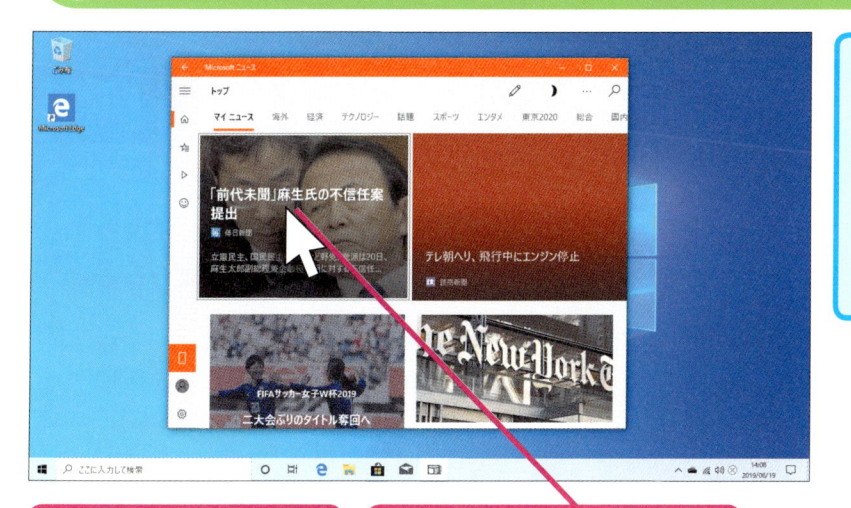

［Microsoft ニュース］アプリの初期設定が完了し、記事の一覧が表示されました

❶表示する記事に 👆 を合わせます

❷そのまま、マウスをクリック 🖱 します

⑤ ひとつ前の画面を表示します

記事が表示されました

記事の提供先によって、表示される内容は異なります

❶ ← に 👆 を合わせます

❷そのまま、マウスをクリック 🖱 します

ひとつ前に表示していた画面（手順4の画面）が表示されます

 終わり

レッスン 11 アプリを終了しよう

動画で見る

キーワード [閉じる] ボタン

起動したアプリを使い終わったら、アプリを終了させることができます。アプリを終了するには、アプリの画面の右上に表示されている[閉じる]ボタンをクリックします。アプリが終了し、デスクトップの画面が表示されます。アプリを終了せずに、ほかのアプリを起動して、切り替えながら使うこともできます。

操作はこれだけ 合わせる 　ドラッグ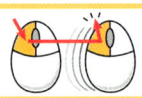

[閉じる] ボタンをクリックします

◆[閉じる]ボタン

 に 🖰 を合わせ、そのまま、マウスをクリックします

アプリケーションが終了しました

タスクバーに表示されていたボタンが消えました

① 終了するアプリの［閉じる］ボタンをクリックします

❶ ✕ に 🖱 を合わせます

❷ そのまま、マウスをクリックします

② アプリが終了しました

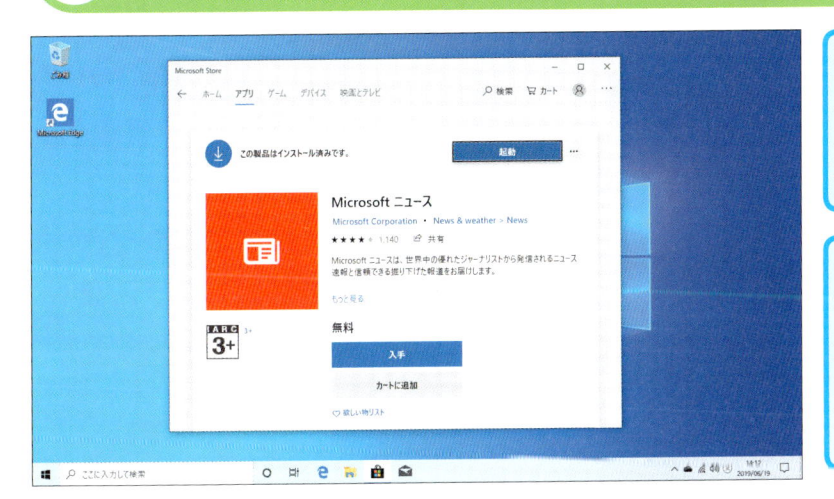

アプリが終了し、タスクバーのボタンが消えました

同様の手順で［Microsoft Store］アプリも終了しておきます

ヒント💡

アプリの右上には3つのボタンが表示されています。［閉じる］ボタン（ ✕ ）はアプリを終了しますが、［最小化］ボタン（ − ）はアプリのウィンドウを最小化し、［最大化］ボタン（ □ ）はアプリのウィンドウを最大化して表示します。詳しくは129ページを参照してください。

 終わり

パソコンを終了しよう

キーワード🔑 スリープ

作業や操作が終わったら、パソコンを終了させます。次に使うときまで、スリープにします。スリープの状態ではウィンドウなどの画面の状態を保存したまま、パソコンを待機状態にします。わずかに電力を消費しますが、すぐに復帰できます。スリープや電源を切る操作は、[スタート]メニューの[電源]を使います。

操作はこれだけ　　合わせる 　　クリック

終了の操作は「電源メニュー」を使います

[スタート] メニューを表示しておきます

⏻ に ↖ を合わせ、そのまま、マウスをクリック 🖱 します

◆電源メニュー

第2章 パソコンを使ってみよう

パソコンをスリープの状態にする

① 電源メニューを表示します

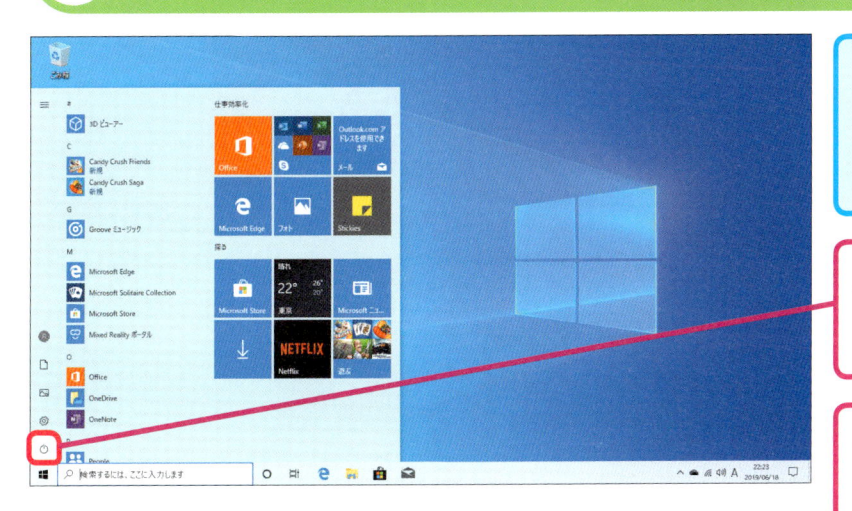

［スタート］メニューを表示しておきます

❶ ⏻ に ▷ を合わせます

❷ そのまま、マウスをクリックします

② パソコンをスリープの状態にします

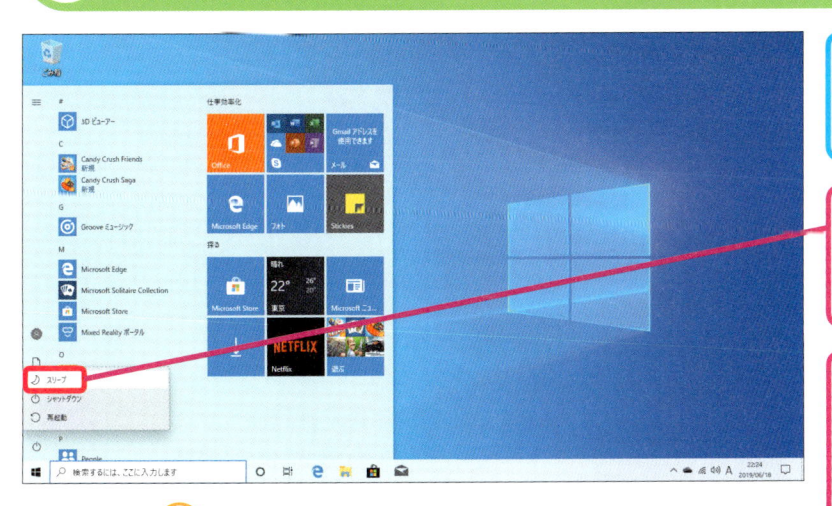

電源メニューが表示されました

❶ スリープ に ▷ を合わせます

❷ そのまま、マウスをクリックします

ヒント💡

手順2の画面で［再起動］を選ぶと、ウィンドウズを終了し、起動し直します。ウィンドウズをもう一度、読み込み直すので、フレッシュな状態で利用を再開できます。

次のページに続く▶▶▶

③ パソコンがスリープの状態になりました

ディスプレイの画面が
消えて、スリープの状
態になりました

ヒント❗

ノートパソコンでは本体
のディスプレイを閉じた
り、一定時間、何も操作
をしていないと、自動的
にスリープ状態になるこ
とがあります。

ヒント❗

ここでは［スタート］メニューの［電源］
から操作して、スリープ状態にしまし
たが、パソコンの電源ボタンを一度、
短く押して、スリープ状態にすること

もできます。ただし、電源ボタンを長
く押し続けると、強制的に電源が切れ
てしまうことがあります。短く押すよ
うに、心がけましょう。

ヒント❗

パソコンをしばらく使わないようなと
きは、［スタート］メニューから［電源］
をクリックして、表示された一覧から
［シャットダウン］をクリックすると、
パソコンの電源が完全に切れます。ス

リープ状態と違い、起動しているアプ
リやウィンドウの状態などは保存され
ません。シャットダウンの前に、アプ
リを終了し、作成中のファイルは、保
存しておく必要があります。

前ページを参考に、
🔘をクリック🖱
して シャットダウン をク
リック🖱 します

パソコンのスリープを解除する

① スリープを解除します

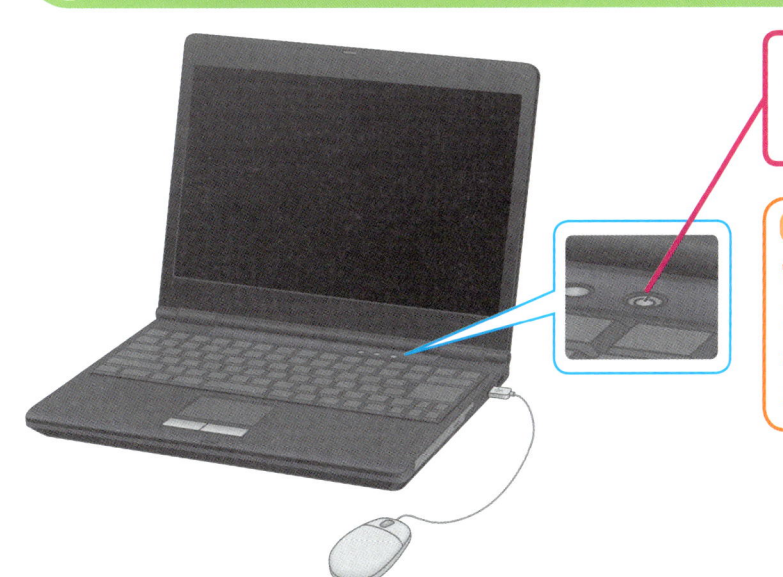

⏻ボタンを一度、短く押します

注　意
電源ボタンを押してからデスクトップの画面が表示されるまで、少し時間がかかることがあります

② ロック画面が表示されました

スリープが解除され、ロック画面が表示されました

レッスン❽（47ページ）の方法でサインイン画面を表示できます

ヒント💡
ここでは電源ボタンを押して、スリープを解除しましたが、ノートパソコンのディスプレイを開いたり、パソコンのキーボードを操作して、スリープが解除されるものがあります。

 終わり

指で操作する方法を知ろう

キーワード 🔑 タッチ操作

ウィンドウズが動作するパソコンがタッチパネル対応のときは、マウスやタッチパッドの代わりに、指先で画面に直接、触れながら操作ができます。タッチパネ ルの操作には触れ方や指先の動かし方などにいくつかの種類があります。自分のパソコンがタッチパネル対応のときは、動作を確認しておきましょう。

対応するパソコンなら指先で操作できます

◆タップ
画面を軽く1回触れます

◆ダブルタップ
画面の同じ場所をすばやく2回連続でタップします

◆長押し
画面をタップした後、1秒以上、指を離さずにしばらく待ちます

◆スライド
画面や項目、アイコンを指で押さえながら移動します

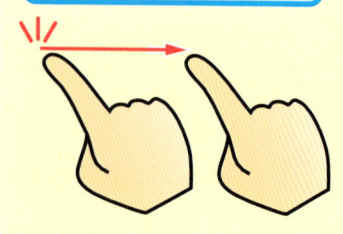

◆スワイプ
画面を上下左右にすばやく弾くように触れます

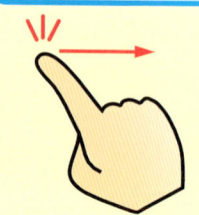

◆ストレッチ／ピンチ
2本指で画面にタッチしたまま、指を開いたり、閉じたりします

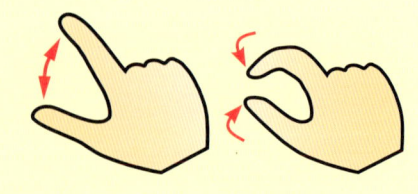

ここではスワイプして、下の画面を表示します

[Microsoft ニュース] アプリを起動しておきます

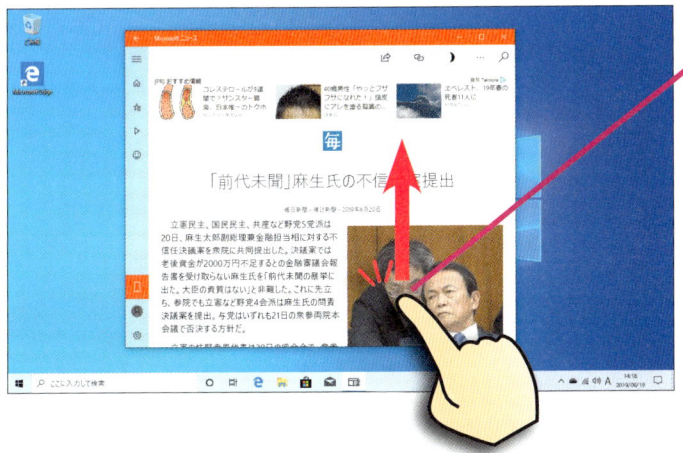

画面を下から上へ、弾くように触れます

注　意

ここで解説しているタッチ操作は、タッチパネル対応のパソコンのみで操作できます

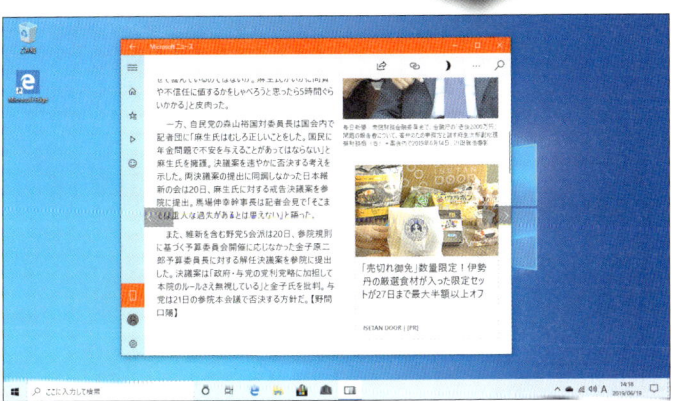

画面下側の隠れていた部分が表示されました

ヒント

タッチパネルの操作は、マウスなどの操作に似ていますが、タッチパネルならではの操作もあります。たとえば、画面の右側から内側に向けてスワイプすると、アクションセンターが表示されます。画面の左側から内側に向けてスワイプすると、起動中のすべてのアプリを表示するタスクビューに切り替わります。[スタート] メニューは ⊞ キーやディスプレイの枠の ⊞ キーのどちらをタッチしても同じように表示されます。

終わり

 **Q** Microsoftアカウントのパスワードを
忘れてしまったときは

A パスワードをリセットします

Microsoftアカウントのパスワードは［アカウントの回復］のWebページ
を表示して、リセットすることができます。パスワードのリセットには65
ページの画面のように、41ページで設定した電話番号でSMSを受信する
か、電話の着信を受ける必要があります。手順に従って、操作しましょう。

> アカウントの回復
> https://account.live.com/ResetPassword.aspx

> レッスン㉚を参考にMicrosoft Edgeで上記のURLのWeb
> ページを表示しておきます

❶Microsoftアカウント
のメールアドレスを入力
します

❷ 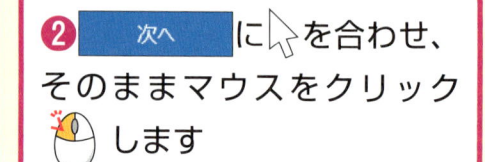 に を合わせ、
そのままマウスをクリック
します

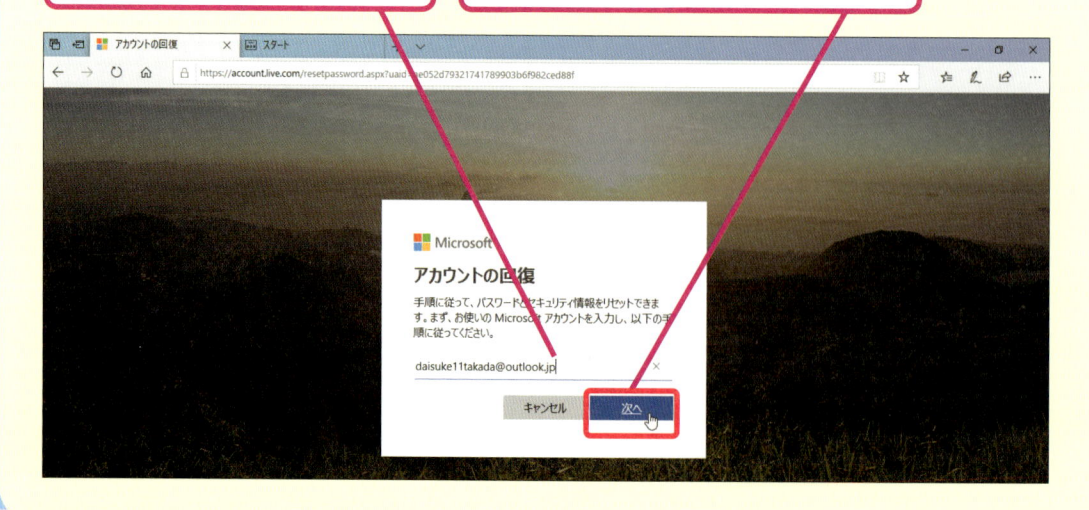

第2章 パソコンを使ってみよう

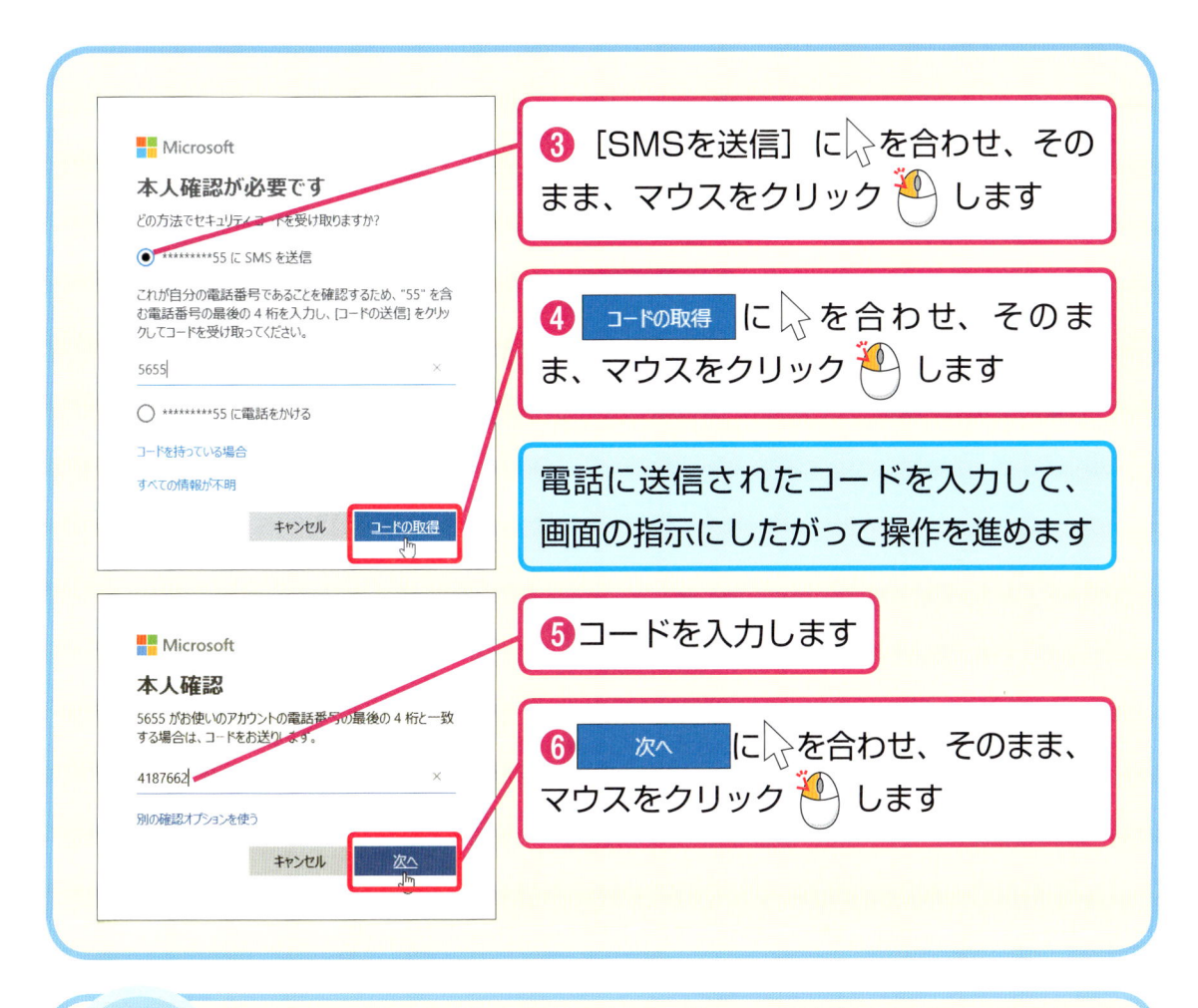

❸ [SMSを送信] に 🖱 を合わせ、そのまま、マウスをクリック 🖱 します

❹ コードの取得 に 🖱 を合わせ、そのまま、マウスをクリック 🖱 します

電話に送信されたコードを入力して、画面の指示にしたがって操作を進めます

❺ コードを入力します

❻ 次へ に 🖱 を合わせ、そのまま、マウスをクリック 🖱 します

Q Microsoftアカウントに切り替えるには

A [アカウント設定の変更] で切り替えます

Microsoftアカウントに切り替えるには、[スタート] メニューの上のアカウントをクリックし、[アカウント設定の変更] を選びます。アカウントの設定画面で [Microsoftアカウントでのサインインに切り替える] をクリックすると、[自分用にセットアップする] の画面が表示されるので、自分のMicrosoftアカウントとパスワードを入力して、サインインします。

 Q 見逃した通知を確認するには

A アクションセンターを使って、確認しましょう

ウィンドウズを使っていると、パソコンにメモリーカードやUSBメモリーを挿したときなどに、画面の右側から「トースト」と呼ばれる通知が表示されることがあります。通知を見逃してしまったときは、以下のように、アクションセンターを表示して、通知内容を確認しましょう。

●通知の表示

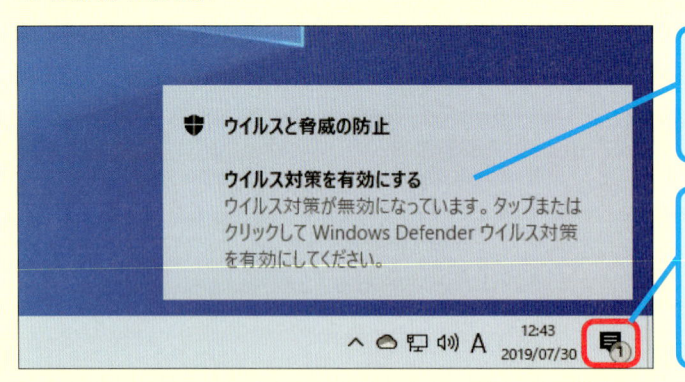

パソコンについての情報が通知されます

確認していない通知があると、🗐のアイコンが表示されます

●アクションセンターの表示

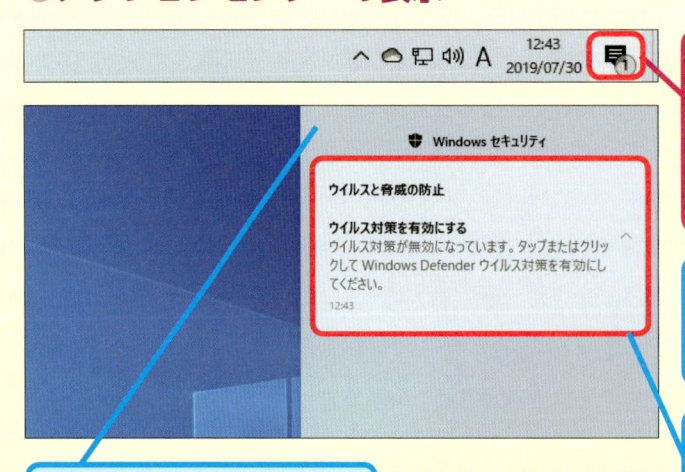

🗐に🔲を合わせ、そのまま、マウスをクリックします

アクションセンターが表示されました

未確認の通知が表示されました

◆アクションセンター

第3章

文書に文字を入力してみよう

パソコンではいろいろな文書を作成できます。この章では「メモ帳」というアプリを使い、文書を作成してみましょう。キーボードからの文字入力、漢字への変換、作成した文書をファイルとして保存する方法について、説明します。

この章の内容

文書を作成する準備をしよう

動画で見る

キーワード [スタート] メニュー、メモ帳

文書を作成するには、その作業をするためのプログラム（ソフトウェア）を起動する必要があります。こうしたプログラムを一般的に「アプリ」「アプリケーション」と呼びます。文書はいろいろなアプリで作成できますが、ここではウィンドウズに標準で用意されている「メモ帳」を起動して、作成します。

操作はこれだけ　クリック 　ドラッグ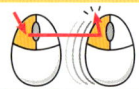

第3章 文書に文字を入力してみよう

[スタート] メニューにはすべてのアプリが表示されます

Windows アクセサリ をクリックします

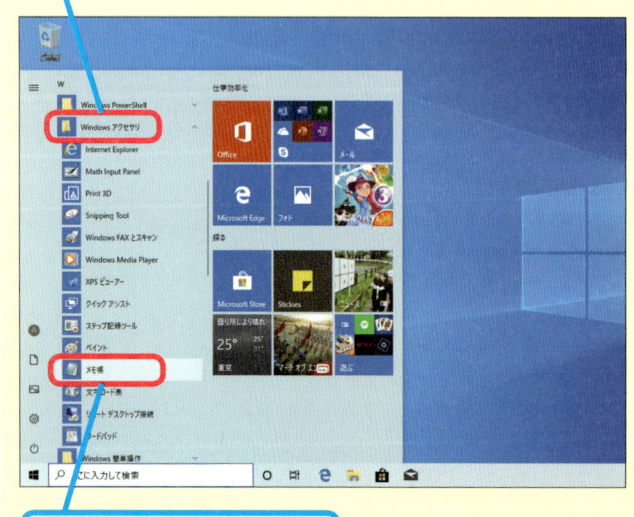

メモ帳 をクリックします

●メモ帳の起動

[スタート] メニューにはウィンドウズにインストールされているすべてのアプリが表示されています。アプリの一覧をスクロールすると、[Windowsアクセサリ] というグループがあり、ここをクリックすると、[メモ帳] があります。そのアイコンをクリックすると、メモ帳が起動します。

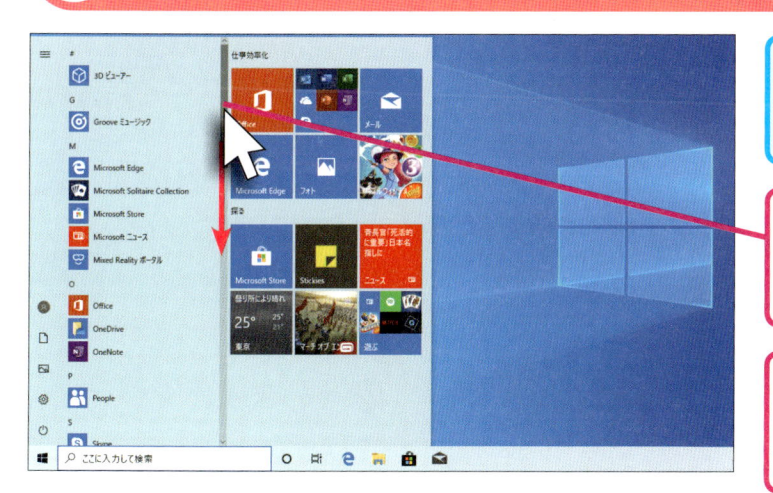

［スタート］メニューを
表示しておきます

❶スクロールバーに
を合わせます

❷そのまま、下方向へ
ドラッグ します

ヒント

［スタート］メニューで、一覧のいず
れかのアルファベットをクリックする
と、ABC順と50音順の一覧メニュー
が表示されます。起動したいアプリの
頭文字をクリックすると、その頭文字
で始まるアプリの一覧が表示されます。

❷探したいアプリ
の頭文字をクリッ
ク します

［スタート］メニューを
表示しておきます

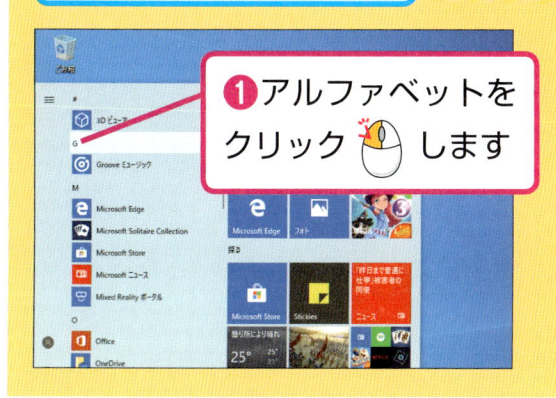

❶アルファベットを
クリック します

「M」で始まるアプ
リの一覧が表示さ
れました

次のページに続く ▶▶▶

② ［Windowsアクセサリ］のアプリを表示します

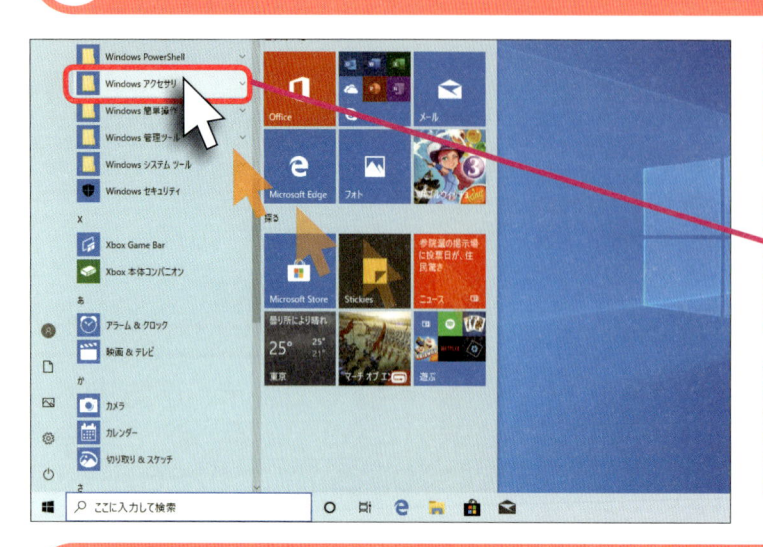

[Windowsアクセサリ]
が表示されました

❶ Windows アクセサリ に を
合わせます

❷そのまま、マウスを
クリック します

③ メモ帳を起動します

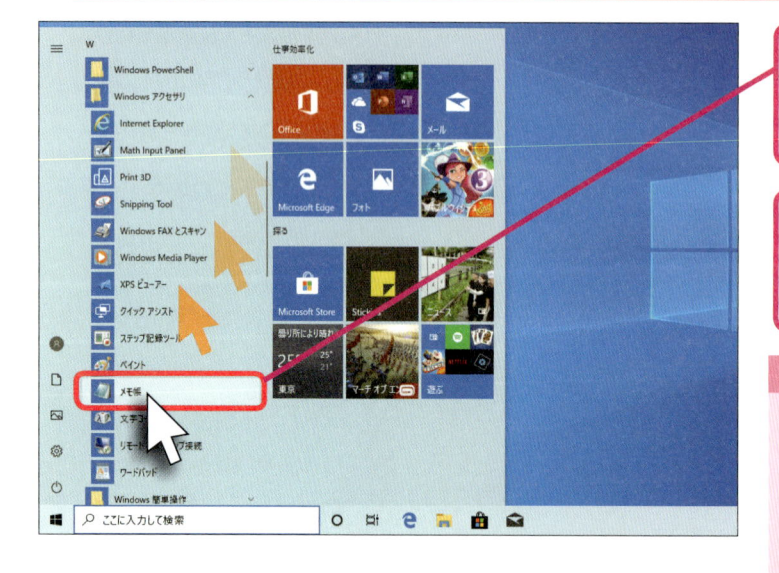

❶ メモ帳 に を
合わせます

❷そのまま、マウスを
クリック します

間違った場合は？

手順2で［Windowsアク
セサリ］以外をクリックし
てしまったときは、もう一
度、［Windowsアクセサリ］
にマウスポインターを合わ
せ、クリックしてください。

ヒント

［Windowsアクセサリ］には「Internet Explorer」や「ワ
ードパッド」などのアプリが登録されています。「ペイント
3D」では絵を描いたり、写真のリサイズなどができます。

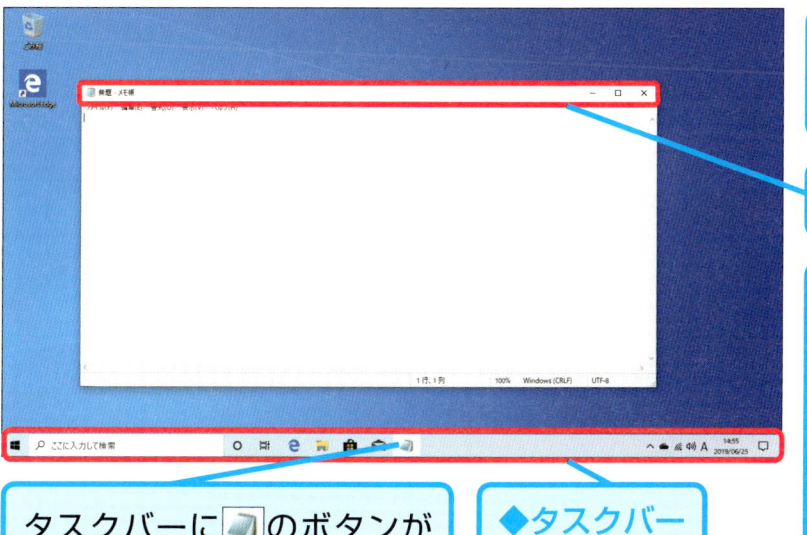

メモ帳が起動しました

◆タイトルバー

タイトルバーに［無題 - メモ帳］と書かれたウィンドウが表示されれば、文書を作成するための準備は完了です

タスクバーに 📄 のボタンが表示されます

◆タスクバー

ヒント

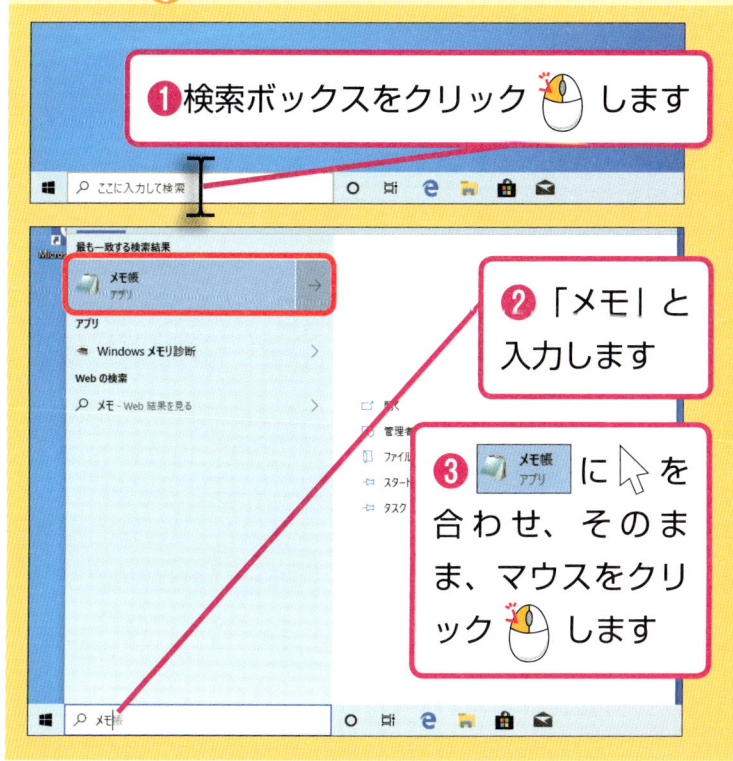

❶検索ボックスをクリック 🖱 します

❷「メモ」と入力します

❸ 📄 メモ帳 アプリ に ▷ を合わせ、そのまま、マウスをクリック 🖱 します

ウィンドウズに登録されているアプリを探したいときは、左の画面のように検索ボックスをクリックして、アプリ名を入力すると、検索できます。［スタート］メニューでアプリが見つからないときは、検索を使いましょう。また、検索ボックスの右にある［◯］のアイコンをクリックし、Cortana（コルタナ）の音声認識機能を使えば、音声でアプリを起動したり、検索ワードを入力できます。

🏁 終わり

キーワード🔑 キーボード

キーボードを使って、メモ帳に文字を入力してみましょう。キーボードのキーを押すと、そのキーに印刷された文字や記号がメモ帳に入力されます。 Shift キー（シフトキー）を押しながら、キーを押すと、大文字やほかの記号が入力できます。一本指でもかまわないので、ひとつずつ入力してみましょう。

操作はこれだけ 入力する

文字の入力に使うキーを押します

Shift キーを押しながらキーを押すと、この文字を入力できます

「かな入力」で使う文字です。詳しくは97ページのQ&Aを参照してください

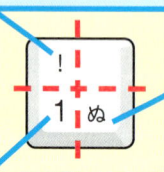

単独でキーを押すと、この文字を入力できます

●キーの見方

キーによっては、複数の文字や記号が印刷されています。単独でキーを押したときは、それぞれのキーに印刷された文字や記号のうち、左上、または左下の文字や記号が入力されます。

●文字の入力

入力したい文字が印刷されたキーの平たい部分に指先を軽く乗せ、カチッと1回押します。

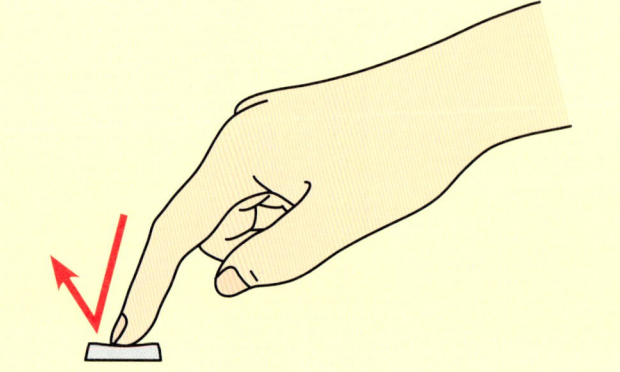

① 文字の入力に使うキーを確認します

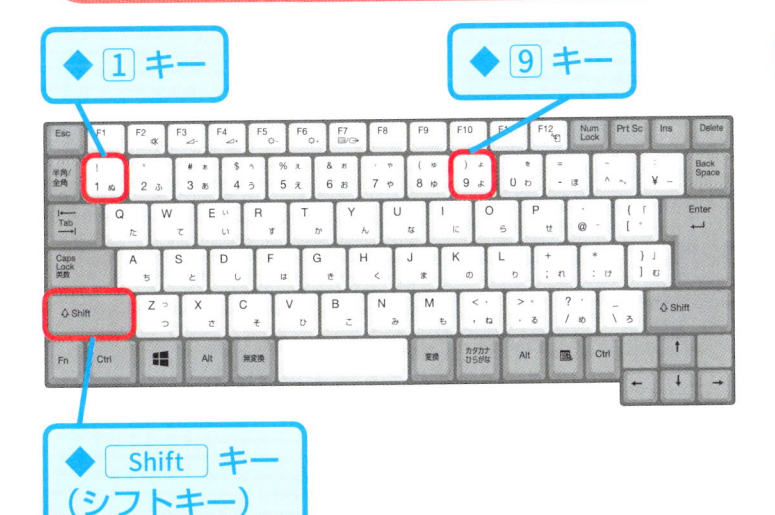

◆ ①キー

◆ ⑨キー

◆ Shift キー
（シフトキー）

このレッスンでは左図のキーを使って、「1)」と入力します

ヒント❗

ノートパソコンとデスクトップパソコンのように、パソコンによってはキーボードの形状やキーの配列などが少し異なることがあります。ただし、文字を入力するという点においては、同じように使えます。

注　意

「)」は「丸かっこ」と呼ばれ、箇条書きの冒頭や語句の読みを示すときなどに用いられます

② 入力する文字のキーの上に指を合わせます

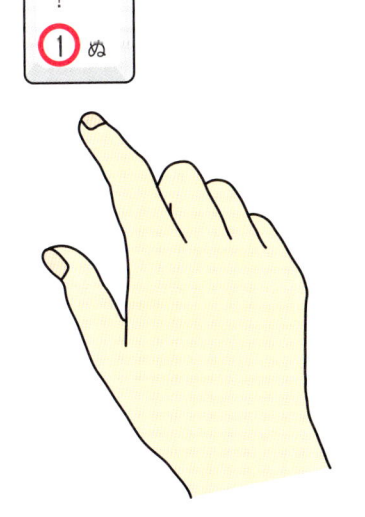

まず、「1」と入力してみます

①キーの上に指を合わせます

次のページに続く ▶▶▶

③ 1キーを押します

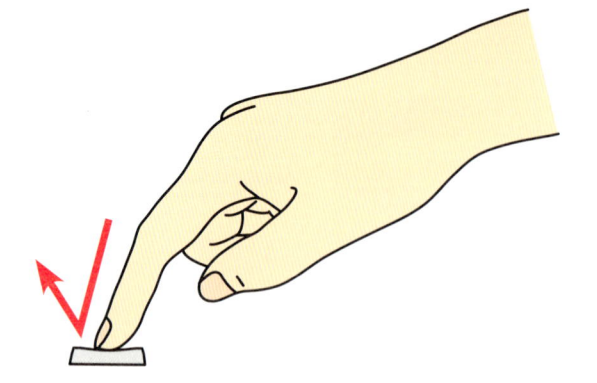

そのまま、1キーをカチッと軽く1回押し、すぐに指を離します

④ 文字の「1」が入力されました

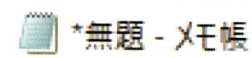

📓 *無題 - メモ帳

ファイル(F)　編集(E)　書式(O)　表示(V)　ヘルプ(H

1|

「1」と入力されました

ヒント

文字を間違えて入力したときは、消去することができます。文字の消去については、レッスン❷で詳しく解説します。

⑤ Shiftキーを押します

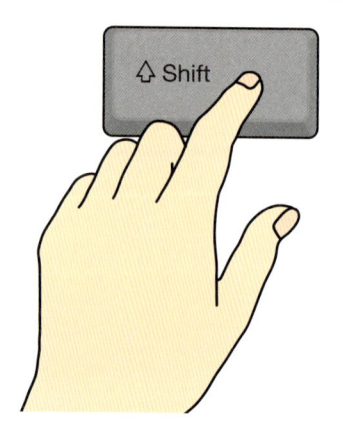

続けて、閉じかっこの「)」を入力します

❶ Shiftキーの上に指を合わせます

❷そのまま、Shiftキーをカチッと軽く押し続けます

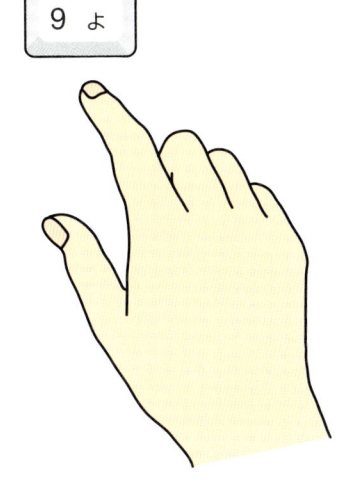

6 ⎡Shift⎤キーを押したままで、9キーを押します

⎡Shift⎤キーを押し続けたままの状態です

❶ 9キーの上に指を合わせます

❷ そのまま、9キーをカチッと軽く1回押し、すぐに指を離します

7 閉じかっこの 「)」 が入力されました

📄 *無題 - メモ帳

ファイル(F)　編集(E)　書式(O)　表示(V)　ヘルプ(H

1)|

閉じかっこの 「)」 が入力されました

入力を確認できたら、⎡Shift⎤キーから指を離します

ヒント 💡

アルファベットのキーの場合、Aキーを押すと、「a」が入力されるように、キーの左上に印刷されているアルファベットの小文字が入力されます。

🏁 終わり

日本語を入力する準備をしよう

メモ帳には数字や記号、日本語のひらがなやカタカナ、漢字などが入力できます。文字を入力するには、半角/全角キーを押すか、言語バーのボタンをクリックして、入力モードを切り替えます。ここではひらがなを入力するので、入力モードを［ひらがな］に切り替え、言語バーで「あ」が表示されるようにします。

第3章 文書に文字を入力してみよう

操作はこれだけ 入力モードを切り替える

半角/全角キーで入力モードを［ひらがな］に切り替えます

● **入力モードの変更**
言語バーの A や あ をクリックすると、入力モードが交互に切り替わります。

> 半角/全角キーを押すと、［ひらがな］と［半角英数］が交互に切り替わります

● **入力モードが［ひらがな］のとき**

> A I U キーを押すと、「あいう」と入力されます

● **入力モードが［半角英数］のとき**

> A I U キーを押すと、「aiu」と入力されます

ヒント❗

半角/全角キーはキーボードの左上の Esc キーの近くにレイアウトされています。一部のパソコンでは少し位置が違ったり、キーに 半/全 のように印刷されていることがあります。

① 入力モードを［ひらがな］に切り替えます

入力モードが［半角英数］になっています

[半角/全角] キーを押します

② 入力モードが［ひらがな］になりました

Ａがあに変わり、入力モードが［ひらがな］に切り替わりました

ヒント

ここでは [半角/全角] キーを押して、入力モードを切り替えましたが、言語バーのボタンをクリックして、切り替えることもできます。言語バーのボタンをクリックすると、入力モードの表示が「Ａ」から「あ」に切り替わります。

Ａに を合わせ、そのまま、マウスをクリック します

入力モードが［ひらがな］に切り替わり、あが表示されました

🏁 終わり

ひらがなを入力しよう

キーワード🔑 ローマ字入力

日本語の入力として、「ひらがな」を入力してみましょう。ひらがなを入力するときは、アルファベットを組み合わせて入力する「ローマ字入力」と呼ばれる入力方式を使います。アルファベットのキーの位置を覚える必要がありますが、かな入力と英字入力のどちらにも使えるというメリットがあります。

操作はこれだけ ▶ 入力する  確定する

アルファベットを組み合わせたローマ字を使って入力します

「ローマ字入力」のとき、[Shift]キーを押しながらキーを押すと、この文字を入力できます

A
ち

「かな入力」で使う文字です。詳しくは97ページのQ&Aを参照してください

「ローマ字入力」のとき、単独でキーを押すと、「あ」と入力されます

● **キーの見方**
このレッスンでは「ローマ字入力」でひらがなを入力します。キーの左半分に書かれている文字を使います。

● **ローマ字での入力**
「あ」はAキー、「か」はKキーとAキー、「さ」はSキーとAキーのように、ローマ字を組み合わせて入力します。詳しくは、付録2（238ページ）の「ローマ字変換表」を参照してください。

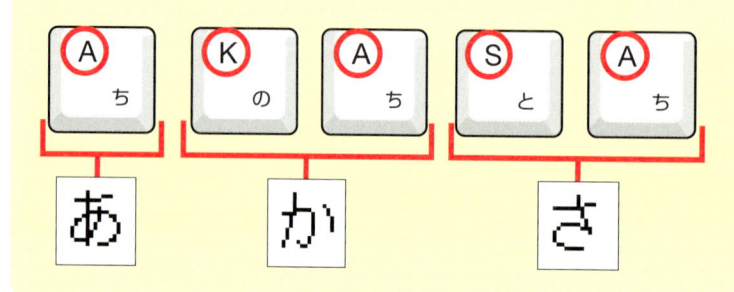

① 文字の入力に使うキーを確認します

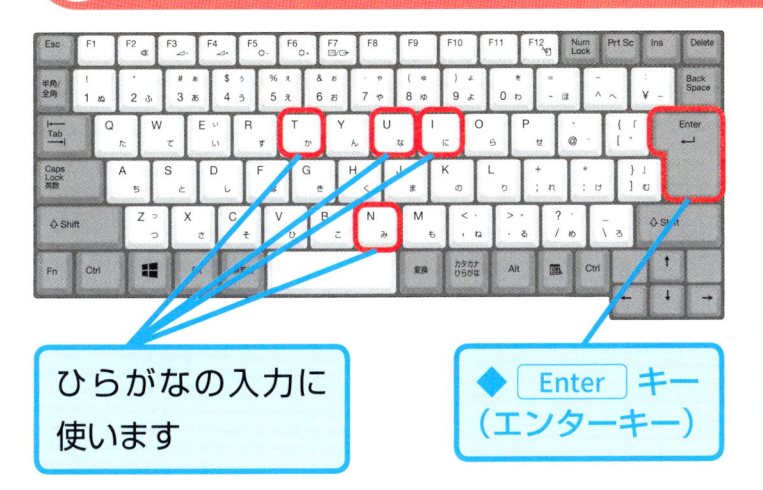

ひらがなの入力に使います

◆ Enter キー（エンターキー）

このレッスンでは左図のキーを使って、「ついに」と入力します

ヒント❶

ローマ字入力では「ち」と入力するとき、[C] [H] [I] と [T] [I] のどちらでも入力できます。

② 入力モードを確認します

あと表示されていることを確認します

注　意

表示が異なるときは、レッスン⑯（77ページ）を参考に、入力モードを [ひらがな] に切り替えましょう

ヒント❶

日本語入力をしているとき、CapsLockキーを押してしまうと、アルファベット入力に切り替わってしまいます。もう一度、CapsLockキーを押して、言語バーのボタンの表示が切り替わったことを確認して、入力を続けましょう。

次のページに続く▶▶▶

③ カーソルの位置を確認します

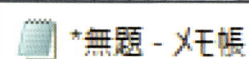

*無題 - メモ帳

ファイル(F)　編集(E)　書式(O)　表示(V)　ヘルプ(H

1)|

> この位置に ↖ を合わせ、そのまま、マウスをクリック 🖱 します

> 「1)」の後にカーソル（|）が点滅しました

④ 「つ」と入力します

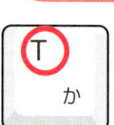

❶ T キーを押します

*無題 - メモ帳

ファイル(F)　編集(E)　書式(O)　表示(V)　ヘルプ(H

1) t|

> 「t」と入力されました

U な

❷ U キーを押します

*無題 - メモ帳

ファイル(F)　編集(E)　書式(O)　表示(V)　ヘルプ(H

1) つ|

> 「つ」と入力されました

ヒント❓

ローマ字入力では入力する文字によって、ひらがなになる前のアルファベットが入力する部分に表示されます。ここでは「つ」になる前に、「t」が表示されています。

ヒント❓

読みを入力すると、入力している場所のすぐ下に、読みから予測される入力候補が表示されます。

⑤ 「いに」と入力します

Ⅰキー、Ｎキー、Ⅰキーを
順に押します

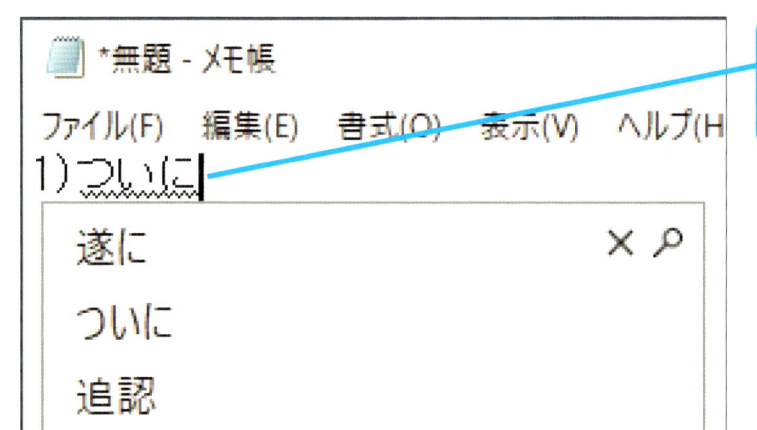

「ついに」と入力されました

⑥ 文字の入力を確定します

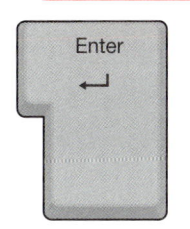

Enter キーを押します

ヒント❗

入力した文字の下に波線が付いているときは、文字入力
が途中であることを表わしています。 Enter キーを押す
と、波線が消え、文字入力が完了したことになります。こ
の操作のことを「入力を確定する」といいます。

⑦ 文字の入力が確定されました

 *無題 - メモ帳

ファイル(F)　編集(E)　書式(O)　表示(V)　ヘルプ(H
1)ついに|

文字の下に表示されて
いた波線が消えて、入
力が確定されました

 終わり

漢字を入力しよう

文書にはひらがなや英字だけでなく、漢字も入力します。漢字を入力するときは、「読みの入力」→「漢字へ変換」→「変換候補の確定」という流れで操作します。読みの入力と確定の操作は、レッスン⑰のひらがなの入力とまったく同じですが、変換の操作は今までと違ったキーを押します。

操作はこれだけ　入力する 　変換する 　確定する

space キーで変換し、 Enter キーで確定します

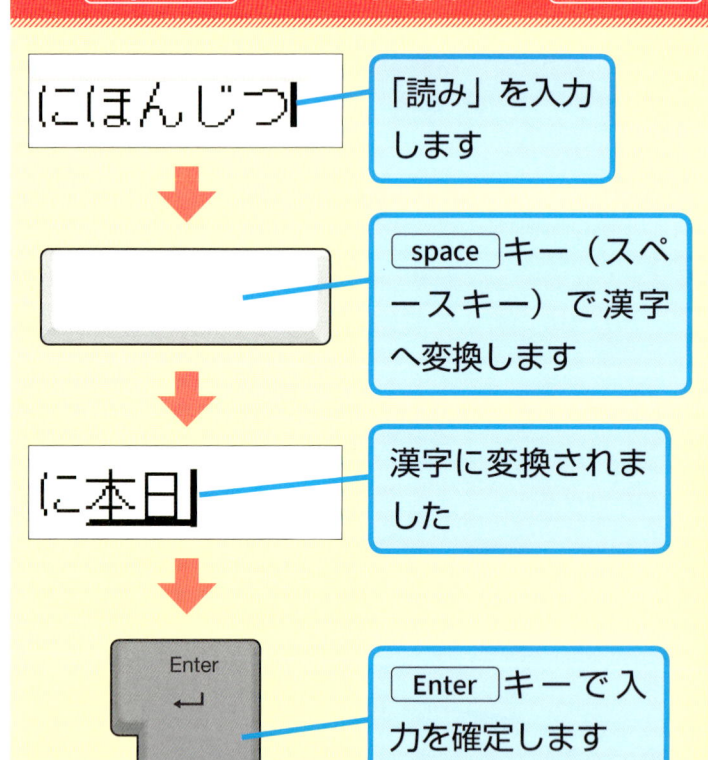

にほんじつ｜　「読み」を入力します

space キー（スペースキー）で漢字へ変換します

に本日　漢字に変換されました

Enter キーで入力を確定します

● 漢字の変換

入力したい漢字の「読みを入力」して、 space キーを押して、「漢字へ変換」します。漢字に変換されたら、 Enter キーを押して、「変換候補を確定」します。

ヒント❗

読みを入力し、漢字に変換して、確定する前の状態で、 space キーを押すと、ほかの変換候補が表示されます。くり返し space キーを押すと、変換候補を選ぶことができます。詳しくは95ページを参照してください。

① 文字の入力に使うキーを確認します

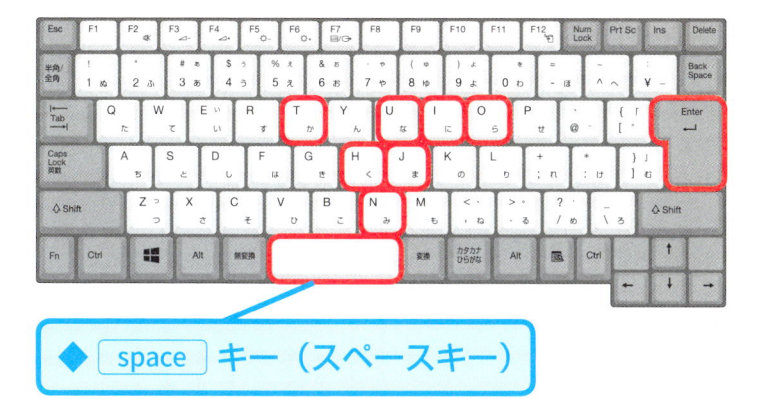

◆ space キー（スペースキー）

このレッスンでは左図のキーを使って、「本日」と入力します

ひらがなを space キーで変換して、 Enter キーで確定します

② カーソルの位置を確認します

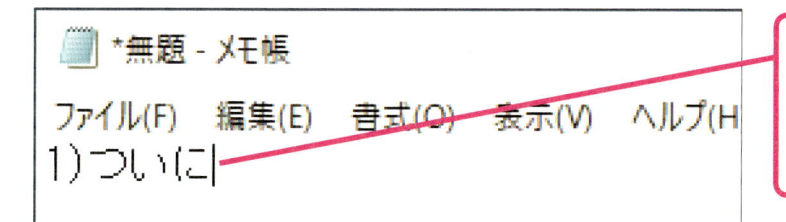

「ついに」の後にカーソルが点滅していることを確認します

ヒント

カーソルの位置に文字が入力されます。

③ 入力モードを確認します

あ と表示されていることを確認します

注 意

表示が異なるときは、レッスン⓰（77ページ）を参考に、入力モードを［ひらがな］に切り替えましょう

次のページに続く ▶▶▶

④ 「ほんじつ」と入力します

> キーを順に押します

📝 *無題 - メモ帳

ファイル(F)　編集(E)　書式(O)　表示(V)　ヘルプ(H

1)ついにほんじつ

本日
本日の
本日は
本日付で
本日中
　　　∨

> 「ほんじつ」と入力されました

ヒント❗

ローマ字入力では N キーを押すと、「ん」を入力できます。ただし、続けて押すキーによっては、な行の文字などが入力されてしまいます。このようなときは、N キーを続けて2回押します。

⑤ 入力したひらがなを漢字に変換します

> 漢字に変換するには、space キーを使います

> space キーを押します

ヒント❗

ローマ字入力では、濁音を複数の方法で入力できます。たとえば、「じ」は［J］［I］と［Z］［I］のどちらでも入力できます。詳しくは付録2（238ページ）の「ローマ字変換表」を参照してください。

ヒント❗

複数の文節の読みを入力して、一度に変換することもできます。たとえば、「いよいよほんじつ」と入力して、space キーを押すと、「いよいよ本日」と変換されます。

⑥ ひらがなを漢字に変換できました

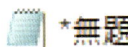
*無題 - メモ帳

ファイル(F)　編集(E)　書式(O)　表示(V)　ヘルプ(H

1)ついに本日|

> 「ほんじつ」を「本日」
> に変換できました

ヒント❓

入力した文字に下線が表示されているときは、変換が確定していません。

⑦ 文字の変換を確定します

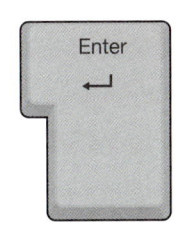

> 変換を確定するには
> [Enter]キーを使います

> [Enter]キーを押します

⑧ 文字の変換が確定されました

*無題 - メモ帳

ファイル(F)　編集(E)　書式(O)　表示(V)　ヘルプ(H

1)ついに本日|

> 文字の下線が消えて、
> 変換が確定されました

ヒント❓

変換候補がたくさんあるときは、変換候補の一覧が表示されている状態で[Tab]キーを押すと、横長の候補画面が表示されます。

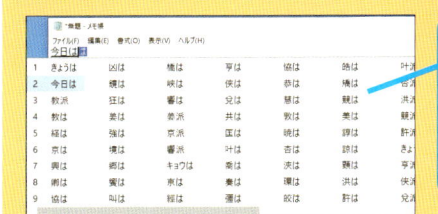

> 変換候補が多いときに[Tab]
> キーを押すと、変換候補を
> 横長に表示できます

 終わり

カタカナや句読点を入力しよう

キーワード **カタカナの変換**

かなや漢字などに続いて、カタカナや句読点を入力してみましょう。カタカナは漢字と同じように、読みを入力して、変換と確定をします。句読点はそれぞれに対応したキーを押せば、入力できます。いずれの場合も入力モードが［ひらがな］になっている必要があるので、言語バーのボタンの表示をよく確認しましょう。

操作はこれだけ 入力する  変換する  確定する

カタカナは読みを入力して、変換します

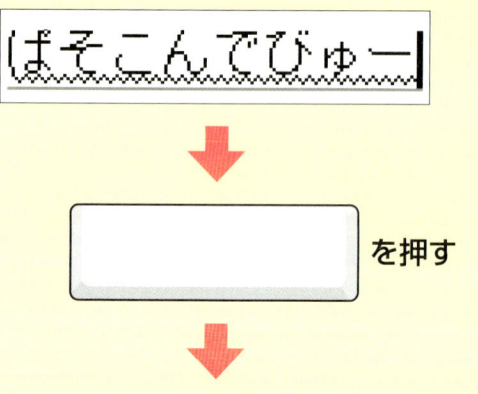

ばそこんでびゅー

を押す

パソコンデビュー

● カタカナの変換

漢字を入力したときと同じように、入力したいカタカナの「読み」を入力して、space キーを押して、変換します。カタカナに変換されたら、Enter キーを押して、「確定」します。

> 漢字と同じように、「読み」を入力して、変換します

ーです。

● 句点や読点の入力

句点（。）は . キー、読点（、）は , キーを押して、入力します。いずれも入力モードが［ひらがな］のときに入力できます。

> 句点（。）は . キーを押します

① 文字の入力に使うキーを確認します

このレッスンでは左図のキーを使って、「パソコンデビューです。」と入力します

② カーソルの位置を確認します

*無題 - メモ帳

ファイル(F) 編集(E) 書式(O) 表示(V) ヘルプ(H

1)ついに本日|

「本日」の後にカーソルが点滅していることを確認します

ヒント

カーソルの位置に文字が入力されます。

③ 入力モードを確認します

あと表示されていることを確認します

注　意

表示が異なるときは、レッスン⑯（77ページ）を参考に、入力モードを［ひらがな］に切り替えましょう

次のページに続く▶▶▶

④ 「ぱそこんでびゅー」と入力します

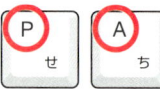 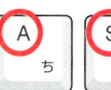 

キーを順に押します

■ *無題 - メモ帳

ファイル(F)　編集(E)　書式(O)　表示(V)　ヘルプ(H)

1)ついに本日ぱそこんでびゅー│

パソコンデビュー　　　　　　×

「ぱそこんでびゅー」と
入力されました

⑤ 入力したひらがなをカタカナに変換します

space キーを押します

■ *無題 - メモ帳

ファイル(F)　編集(E)　書式(O)　表示(V)　ヘルプ(H)

1)ついに本日パソコンデビュー│

「ぱそこんでびゅー」が
「パソコンデビュー」と
変換されました

⑥ ひらがなと句点を入力します

キーを順に押します

■ *無題 - メモ帳

ファイル(F)　編集(E)　書式(O)　表示(V)　ヘルプ(H)

1)ついに本日パソコンデビューです。│

です。

「です。」と入力されま
した

⑦ 文字の入力を確定します

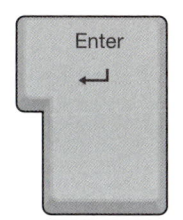

| Enter | キーを押します |

ヒント❓

「ゅ」は手順4のように入力できますが、1
文字だけを入力したいときは直前に「L」や
「X」を組み合わせます。たとえば、「ゃ」と
入力したいときは[X][Y][A]と入力します。

⑧ 文字の入力が確定されました

 *無題 - メモ帳

ファイル(F) 編集(E) 書式(O) 表示(V) ヘルプ(H)

1)ついに本日パソコンデビューです。|

文字の波線が消えて、
入力が確定されました

ヒント❓

「っ」は [K] [A] [T] [T] [A] と入力して、
「かった」と表示されるように、後に続く子
音をくり返すと、入力できます。

ヒント❓

記号を入力したいときは「さんかく」
と読みを入力して、「▲」や「▽」に
変換するように、記号の読みから入
力できます。また、手順では最後に
⊟キーを押して、「ー」（長音）を入
力していますが、間違えて、記号の
「−」（マイナス）を入力しないよう
に気を付けましょう。

●入力できる記号と読みの例

記号	読み
○●◎	まる
△▲▽▼	さんかく
□■◇◆	しかく
＋	ぷらす
−	まいなす
＝≠≒	いこーる

 終わり

作成した文書を保存しよう

動画で
見る

キーワード 🔑 名前を付けて保存

メモ帳に文字が入力できたら、文書をファイルとして、パソコンに保存しましょう。ファイルとして保存すれば、もう一度、文書を読み込み、内容の修正や

プリンターでの印刷ができます。文書を保存するときは、文書に名前（ファイル名）を付けたり、保存する場所（フォルダー名）を決める必要があります。

操作はこれだけ 合わせる 　クリック 　入力する

ファイル名と保存場所を決めて保存します

◆フォルダー名（保存する場所）

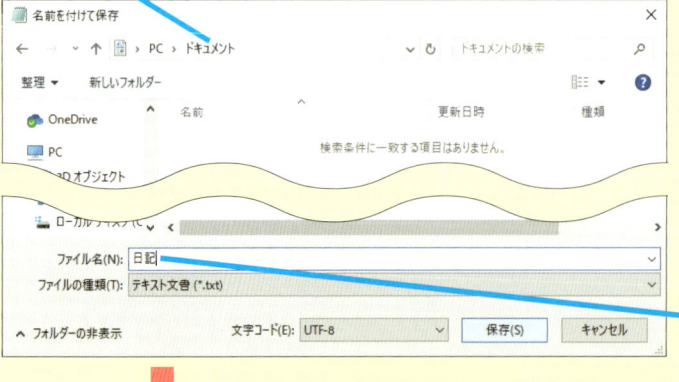

◆ファイル名
（文書の名前）

◆文書ファイル

● 文書の保存

作成した文書は、ファイルとしてパソコンに保存します。ファイルを保存する場所（フォルダー名）と文書の名前（ファイル名）を指定します。

ヒント ❗

文書を保存するときは、内容がわかりやすいファイル名を付けましょう。同じフォルダーに同じ名前のファイルは保存できないので、ファイル名が重複しないように注意します。たとえば、「日記2020年1月」のように、年月や日付を含めたファイル名を付けるのも管理しやすい方法のひとつです。

① ［ファイル］メニューを表示します

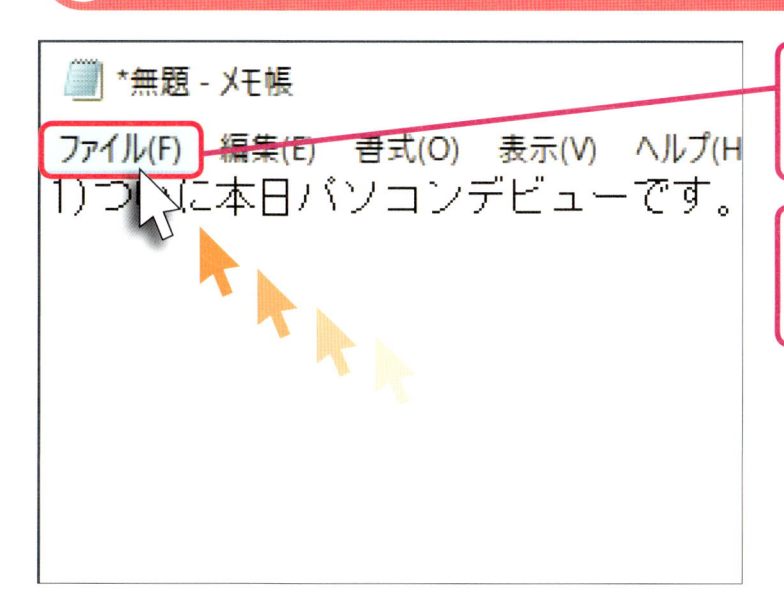

❶ ファイル(F) に ▷ を合わせます

❷ そのまま、マウスをクリック 🖱 します

② 文書に名前を付ける画面を表示します

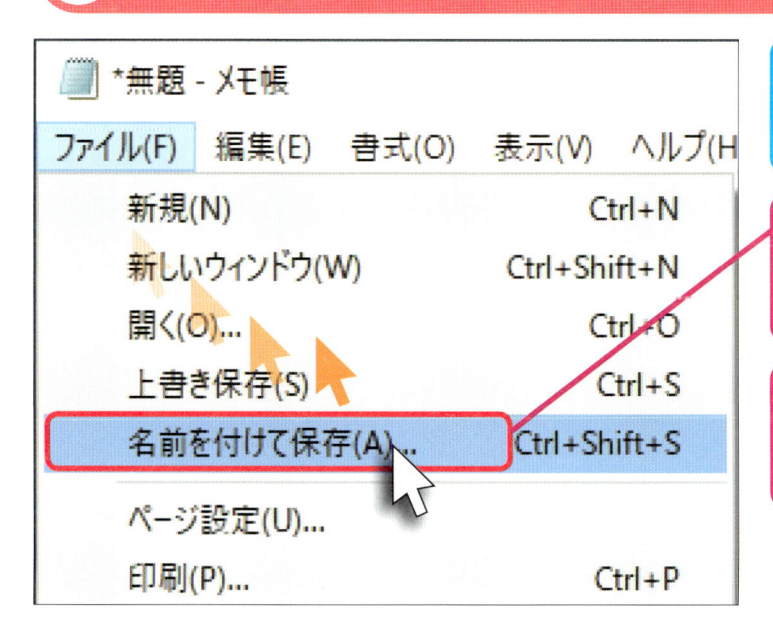

［ファイル］メニューが表示されました

❶ 名前を付けて保存(A)... に ▷ を合わせます

❷ そのまま、マウスをクリック 🖱 します

次のページに続く ▶▶▶

③ 文書の保存先を選択します

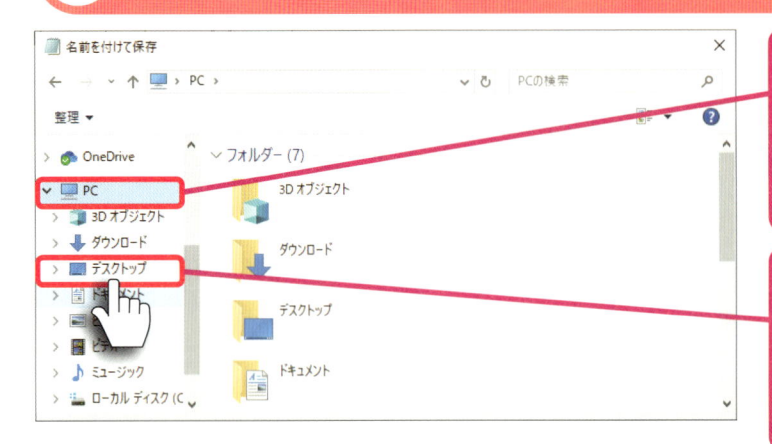

❶ [🖥 PC] に ⬚ を合わせ、そのまま、マウスをクリック 🖱 します

❷ > [📄 ドキュメント] に ⬚ を合わせ、そのまま、マウスをクリック 🖱 します

ヒント❗

手順3の［PC］の［ドキュメント］フォルダーは、パソコン内のストレージに保存していますが、左列で［OneDrive］を選ぶと、作成した文書はパソコンのストレージに保存された後、マイクロソフトのオンラインストレージの「OneDrive」の専用領域と同期され、保存されます。

④ 文書に名前を付けます

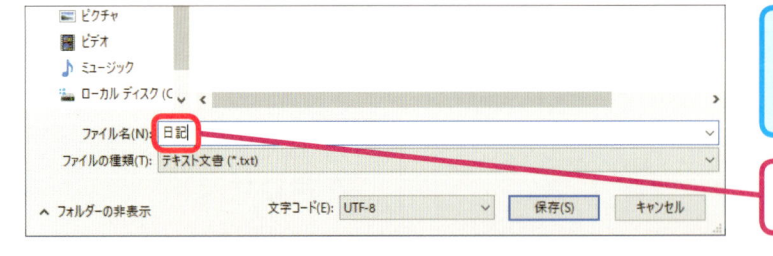

ここでは文書の名前を「日記」とします

「日記」と入力します

⑤ 文書を保存します

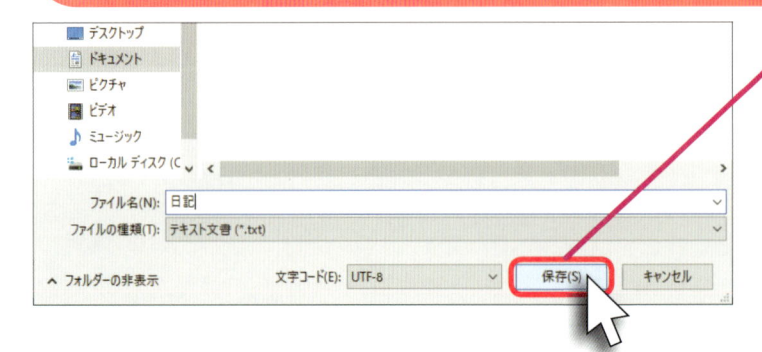

❶ [保存(S)] に ⬚ を合わせます

❷ そのまま、マウスをクリック 🖱 します

⑥ 文書がファイルとして保存されました

日記 - メモ帳

ファイル(F)　編集(E)　書式(O)　表示(V)　ヘルプ(H)

1)ついに本日パソコンデビューです。|

文書が「日記」という
名前のファイルとして
保存されました

⑦ [閉じる] ボタンをクリックします

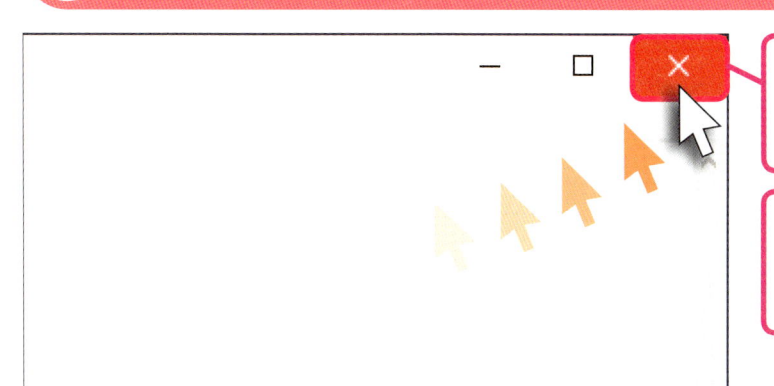

❶画面右上の ✕ に
を合わせます

❷そのまま、マウスを
クリック 🖱 します

⑧ メモ帳が終了しました

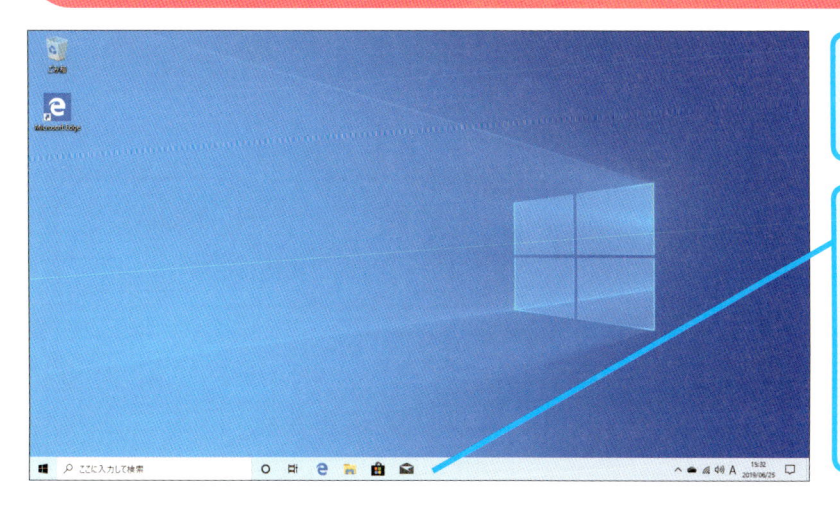

メモ帳が閉じ
ました

メモ帳を終了する
と、タスクバーに
表示されていた
📘 のボタンが消え
ます

 終わり

 **大文字のアルファベットを入力するには**

A Shift キーを押しながら、文字を入力します

「Windows」のように、大文字を含むアルファベットを入力したいときは、Shift キーを押しながら、文字キーを押します。Shift キーから指を離せば、再び、小文字が入力できます。続けて、大文字を入力したいときは、Shift キーを押しながら、Caps Lock キーを押します。パソコンによっては[CapsLock] などのランプが点灯します。もう一度、Shift キーを押しながら、Caps Lock キーを押すと、大文字のままの入力は解除されます。

ここでは「Windows」と入力します

❶ A と表示されていることを確認します

🗒 無題 - メモ帳
ファイル(F)　編集(E)　書式(O)　表示(V)

❷ Shift キーを押しながら、W キーを押します

🗒 *無題 - メモ帳
ファイル(F)　編集(E)　書式(O)　表示(V)
W

大文字の「W」が入力されました

❸続けて、I N D O W S キーを順に押します

🗒 *無題 - メモ帳
ファイル(F)　編集(E)　書式(O)　表示(V)
Windows

小文字の「indows」が入力できました

Q 変換したい漢字と異なる漢字が表示されたときは

A space キーをくり返し押して ほかの変換候補を表示しましょう

読みを入力して、 space キーを押して、変換したとき、 space キーをくり返して押すと、ほかの変換候補を表示できます。表示された候補から変換したい漢字にカーソルを合わせ、 Enter キーを押すと、選択した漢字を入力できます。候補の一覧からマウスポインターで選ぶこともできます。

📓 *無題 - メモ帳

ファイル(F)　編集(E)　書式(O)　表示(V)

今日から|

「京から」と変換したいのに「今日から」と変換されてしまう場合を例にします

📓 *無題 - メモ帳

ファイル(F)　編集(E)　書式(O)　表示(V)　ヘル

今日から|

1	きょうから
2	今日から
3	京から
4	経から
5	教から
6	興から
7	郷から

❶変換を確定せずに space キーを押します

変換候補が表示されました

❷ 3　京から に ▷ を合わせ、そのまま、マウスをクリック 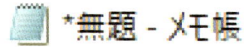 します

📓 *無題 - メモ帳

ファイル(F)　編集(E)　書式(O)　表示(V)

京から|

「京から」と変換されました

Q 全角文字でアルファベットを入力するには

A 入力モードを切り替えましょう

全角文字でアルファベットを入力するときは、言語バーのボタンを右クリックして、入力モードを［全角英数］に切り替えます。あるいは、入力モードは［ひらがな］のまま、文字を入力して、F9 キーを押して、変換することもできます。ほかの種類の文字も言語バーのボタンで入力モードを切り替えると、同じように入力できます。

● ［全角英数］に切り替える

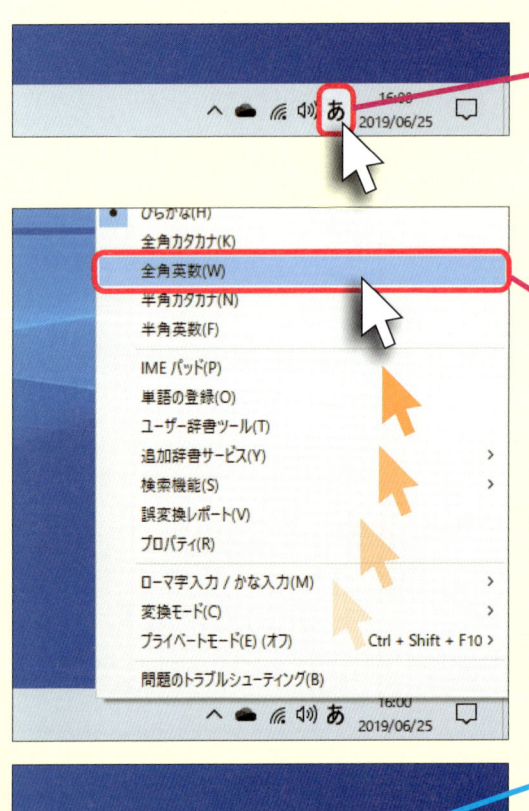

❶ あ に ↖ を合わせ、そのまま、マウスを右クリックします

❷ 全角英数(W) に ↖ を合わせ、そのまま、マウスをクリックします

入力モードが［全角英数］に切り替わり、A が表示されます

第3章 文書に文字を入力してみよう

 **キーに印刷されているひらがなは
何に使うの？**

A 「かな入力」で文字を入力するときに使います

キーボードのキーに印刷されているひらがなは、「かな入力」という入力方式を使って、文字を入力するときに利用します。言語バーのボタンを右クリックして、表示されたメニューで［ローマ字入力/かな入力］-［かな入力］の順にクリックすると、「かな入力」に切り替えることができます。ローマ字入力のみを使うときは、意識する必要はありません。

前ページの操作1を参考に、**あ**に▷を合わせ、そのまま、マウスを右クリック 🖱 しておきます

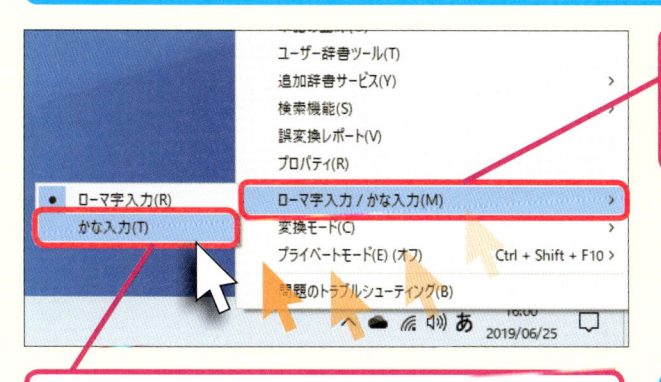

❶ ［ローマ字入力 / かな入力(M)］に▷を合わせます

❷ ［かな入力(T)］に▷を合わせ、そのまま、マウスをクリック 🖱 します

入力方式が［かな入力］に切り替わりました

 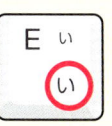  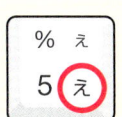 

❸左のキーを順に押します

「あいうえお」

「あいうえお」と入力されました

Q タッチ操作で文字を入力するには

A タッチキーボードを使いましょう

パソコンがタッチパネル対応のときは、デスクトップの右下に表示されている［タッチキーボード］ボタンをタップすると、タッチキーボードが表示され、画面をタッチしながら、文字が入力できます。また、キーボードのないタブレットではウィンドウズが「タブレットモード」で動作している状態で、検索ボックスやアプリの画面など、文字入力ができるエリアをタップすると、自動的にタッチキーボードが表示されます。［タッチキーボードと手書きパネル］をタップすると、キーボードの表示を切り替え、手書きでも文字が入力できるようになります。

● タッチキーボードの表示

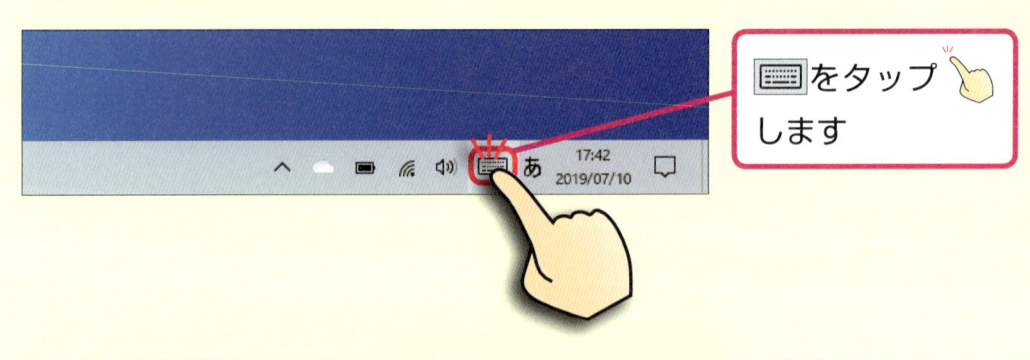

⌨をタップします

タッチキーボードが表示されました

✕をタップすると、タッチキーボードが閉じます

第3章 文書に文字を入力してみよう

● タブレットモードでのタッチキーボードの表示

❶ ここをタップ
します

❷ ここをタップ
します

タッチキーボードが
表示されました

● キーボードの種類の変更

タッチキーボードを
表示しておきます

ここをタップ し
ます

■ をタップ す
ると、キーの配列が
変わります

✎ をタップ す
ると、手書きで文字
を入力できます

Q カタカナにうまく変換できないときは

A F7 キーでカタカナに変換しましょう

カタカナに変換したいときは、読みを入力した後、F7 キーを押すと、直接、変換できます。同じように、F9 キーを押すと全角英数、F10 キーを押すと半角英数に変換することができます。英数字については、F9 キーやF10 キーをくり返し押すことで、大文字と小文字が切り替えられます。

● ファンクションキーを使った文字の変換例

キー	変換	例
F7	全角カタカナに変換されます	デキル
F8	半角カタカナに変換されます	ﾃﾞｷﾙ
F9	全角英数字に変換されます	ｄｅｋｉｒｕ
F10	半角英数字に変換されます	dekiru

◆ファンクションキー

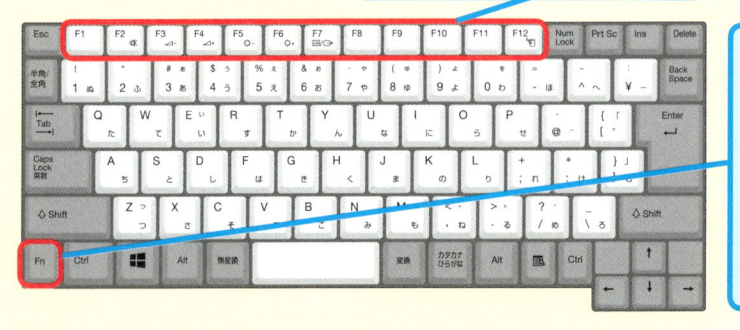

一部のパソコンでは Fn キーを押しながら、ファンクションキーを押して変換します

第3章 文書に文字を入力してみよう

第4章

文書を編集して印刷してみよう

作成した文書は、アプリに読み込んで、内容を編集したり、プリンターで印刷することができます。編集では入力した文字を削除したり、改行を入力することで、文書の体裁を整えることができます。この章では文書の編集と印刷について、説明します。

この章の内容

21 保存した文書を開いてみよう

動画で見る

キーワード エクスプローラー

パソコンに保存されている文書は、いつでも開くことができます。ここではレッスン⑳で保存した文書を開いてみましょう。文書を開くときは、デスクトップで

エクスプローラーを使い、文書を保存したフォルダーを表示します。文書のアイコンをダブルクリックすれば、対応するアプリに文書が読み込まれて起動します。

操作はこれだけ 合わせる  クリック ダブルクリック

[エクスプローラー] ボタンをクリックします

タスクバーにある 📁 をクリック 🖱 して、フォルダーウィンドウを表示します

● **フォルダーウィンドウの表示**

パソコンに保存された文書を開くには、デスクトップのタスクバーにある [エクスプローラー] ボタンをクリックして、フォルダーウィンドウを表示します。

◆フォルダーウィンドウ

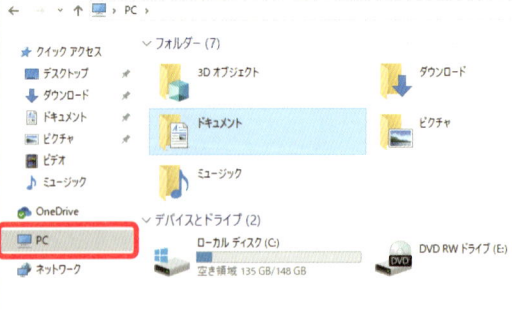

💻 PCの [ドキュメント] をダブルクリック 🖱 して、保存した文書ファイルを表示します

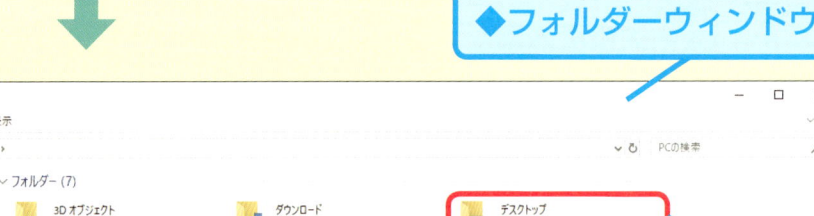

① フォルダーウィンドウを表示します

レッスン⑳（90ページ）で保存した
「日記」という文書を開きます

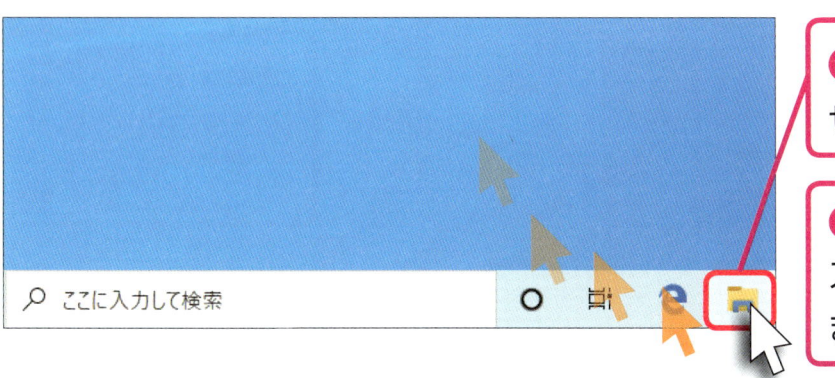

❶ 📁 に ▷ を合わせます

❷ そのまま、マウスをクリック🖱します

② フォルダーウィンドウが表示されました

［クイックアクセス］が
表示されました

［PC］にあるフォルダーを
表示します

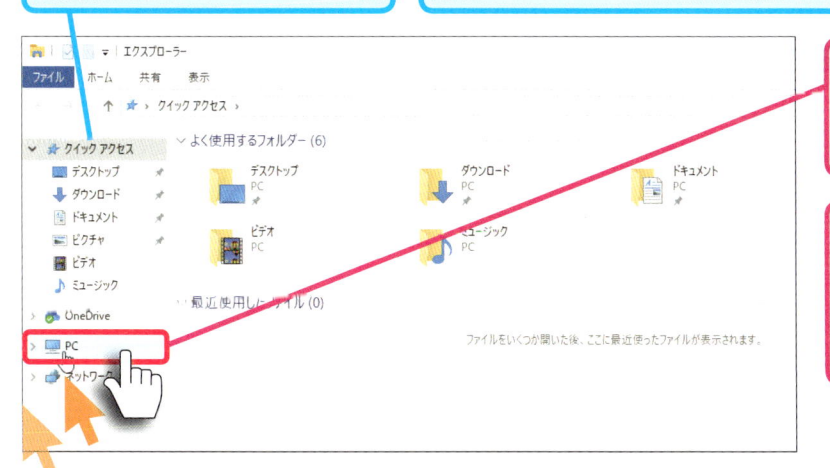

❶ 🖥 PC に ▷ を合わせます

❷ そのまま、マウスをクリック🖱します

ヒント💡

タスクバーの［エクスプローラー］をクリックすると、
手順2の［クイックアクセス］のフォルダーが表示されます。［よく使用するフォルダー］や［最近使用したファイル］が表示され、すぐに利用できます。

次のページに続く ▶▶▶

③ 文書のアイコンを表示します

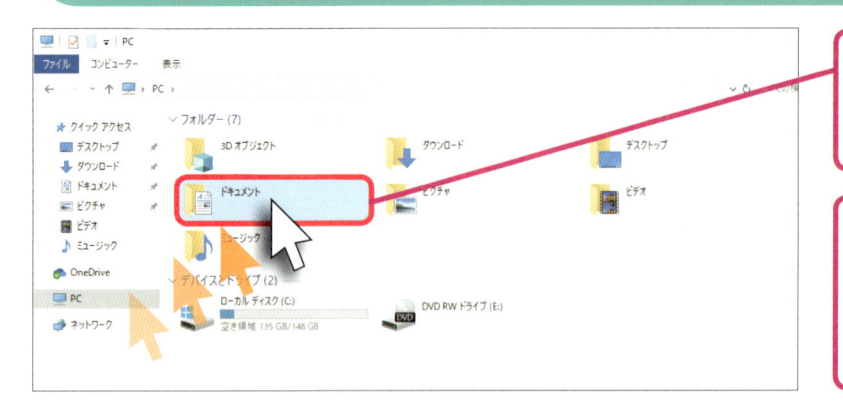

❶ ［ドキュメント　PC］に🖱を合わせます

❷ そのまま、マウスをダブルクリック🖱します

④ 保存した文書を開きます

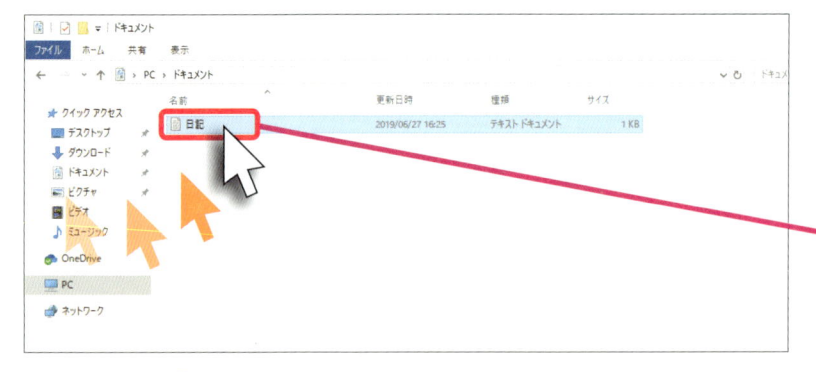

［ドキュメント］が表示されました

［日記］に🖱を合わせ、そのまま、マウスをダブルクリック🖱します

ヒント❗

ダブルクリックするフォルダーを間違えたときは、手順4と同様の画面で、ツールバーの←をクリックすると、前の画面に戻れます。↑をクリックすると、ひとつ上の階層の画面が表示されます。

ヒント❗

［ドキュメント］フォルダーはメモ帳などのアプリで作成した文書を保存しておくフォルダーです。手順3で開いている［ドキュメント］フォルダーは、［PC］の［ドキュメント］フォ ルダーです。オンラインストレージのOneDriveのフォルダーに切り替えたいときは、左の一覧から［OneDrive］をクリックして、［ドキュメント］フォルダーを選んで保存します。

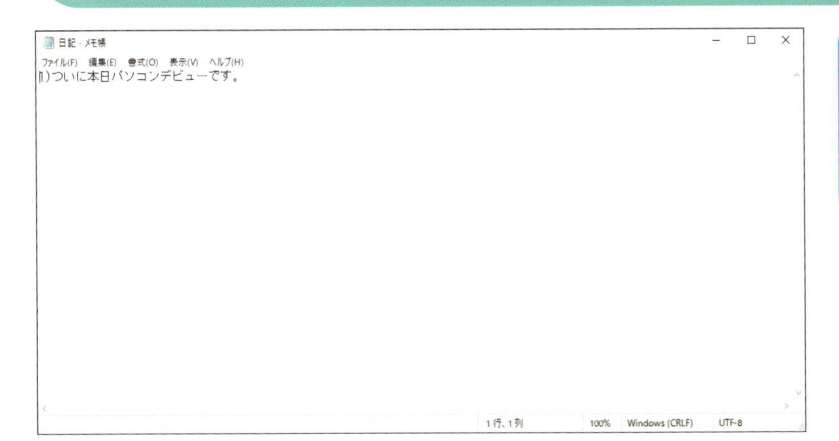

文書の編集や印刷
を実行する準備が
できました

ヒント ❓

ほかのパソコンとファイルをやりとりするときは、「USBメモリー」が便利です。USBメモリーをUSBポートに接続すると、フォルダーウィンドウには［USBドライブ］のアイコンが表示されます。このアイコンをダブルクリックすると、フォルダーの内容が表示されるので、必要なファイルをコピーしたり、移動したりします。ファイルやフォルダーをコピーする方法については、211ページのヒントで解説します。

パソコンにUSBメモリーを接続しておきます

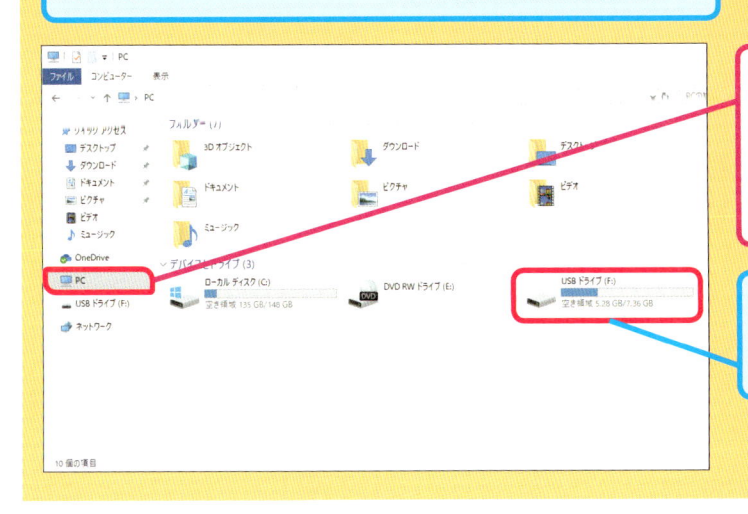

🖥 PC に ▷ を合わせ、そのまま、マウスをクリック 🖱 します

USBドライブが表示されました

🏁 終わり

レッスン

22 改行を入力しよう

キーワード🔑 カーソルの移動、改行

文章の途中で行を改めることを「改行」といいます。改行を入力するときは、改行したい位置にカーソルを合わせて、 Enter キーを押します。文章の途中に

改行を入力すれば、それ以降の文章が次の行に移動します。行頭で改行すれば、何も入力されていない行が挿入され、元の行の文章は次の行に移動します。

操作はこれだけ 移動する  改行する

Enter キーで改行を入力します

第4章 文書を編集して印刷してみよう

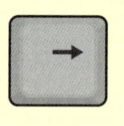

> 方向キーで改行を入力したい位置にカーソルを移動します

1)ついに本日パソコンデビューで

● **カーソルの移動**

方向キー（↑ ↓ ← →）をくり返し押して、改行したい位置にカーソルを移動します。

> Enter キーを押して、改行を入力します

● **改行の入力**

Enter キーを押すと、カーソルの位置に改行が入力されます。何も入力されていない行（空行）で Enter キーを押すと、1行分の空行が挿入されます。

1)ついに本日
パソコンデビューです。

① 改行の入力に使うキーを確認します

ここでは「本日」の後ろにカーソルを移動して、改行を入力します

◆方向キー
（↑↓←→）

② カーソルの位置を確認します

📓 日記 - メモ帳

ファイル(F)　編集(E)　書式(O)　表示(V)　ヘルプ(H

|)ついに本日パソコンデビューです。

文の先頭でカーソルが点滅していることを確認します

ヒント

メモ帳では点滅する「｜」がカーソルの位置を表わしています。

③ カーソルを右へ移動します

→キーを押します

📓 日記 - メモ帳

ファイル(F)　編集(E)　書式(O)　表示(V)　ヘルプ(H

1)ついに本日パソコンデビューです。

カーソルが右に移動しました

次のページに続く▶▶▶

④ カーソルを続けて右へ移動します

→ → → → → →

「本日」の後ろにカーソルを移動します

→キーを6回、押します

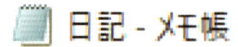

📓 日記 - メモ帳

ファイル(F)　編集(E)　書式(O)　表示(V)　ヘルプ(H

1)ついに本日|パソコンデビューです。

カーソルが右に移動しました

間違った場合は？

→キーを余分に押して、カーソルを右に移動しすぎてしまったときは、←キーを押して、左の画面と同じ位置に移動します。

⑤ 改行を入力する位置を確認します

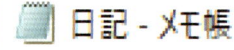

📓 日記 - メモ帳

ファイル(F)　編集(E)　書式(O)　表示(V)　ヘルプ(H

1)ついに本日|パソコンデビューです。

改行を入力する位置を確認します

ヒント

メモ帳ではカーソルの位置に、文字や改行が挿入されます。そのため、文章の途中に文字を入力すると、カーソルよりも後ろの文字は、さらに後ろに移動します。

⑥ 改行を入力します

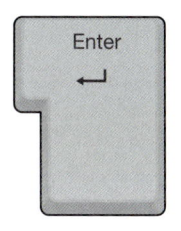

Enter キーを押します

「本日」の後ろに改行が入力されました

```
📄 *日記 - メモ帳

ファイル(F)  編集(E)  書式(O)  表示(V)  ヘルプ(H
1)ついに本日
パソコンデビューです。
```

「パソコンデビューです。」が2行目に移動しました

ヒント💡

開いた文書に変更が加えられると、タイトルバーに [*] が表示されます。

⑦ 続けて空行を挿入します

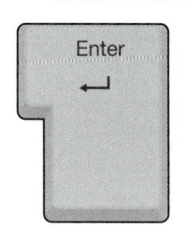 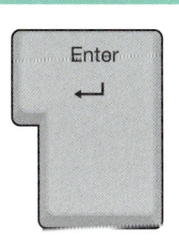

Enter キーを2回、押します

```
📄 *日記 - メモ帳

ファイル(F)  編集(E)  書式(O)  表示(V)  ヘルプ(H
1)ついに本日

パソコンデビューです。
```

空行が2行分、挿入されました

 終わり

文書に入力した文字は削除できます。文字を削除するときは、削除したい文字の後ろにカーソルを合わせ、`Back space`キーを押します。カーソルの左側にある文字が削除されます。カーソルが行頭にあるときは、上の行の改行が削除されます。`Delete`キーを押したときは、カーソルの右側の文字が削除されます。

操作はこれだけ ▶ 移動する ‖‖ 削除する  クリック

`Back space`キーと`Delete`キーを押して、文字を削除します

Back Space

1)ついに ➡ 1ついに

`Back space`キーを押すと、カーソルの左側の文字が1文字、削除されます

Delete

1)ついに ➡ 1)いに

`Delete`キーを押すと、カーソルの右側の文字が1文字、削除されます

● 左側の文字の削除

`Back space`キーを一度、押すと、カーソルの左側にある文字を1文字、削除できます。このレッスンではカーソルを移動して、上の空行を`Back space`キーで削除します。

● 右側の文字の削除

`Delete`キーを一度、押すと、カーソルの右側の文字を1文字、削除できます。このレッスンではカーソルを移動して、文書に入力されている「1)」という文字を`Delete`キーで削除します。

① 文字の削除に使うキーを確認します

◆ [Delete] キー（デリートキー）

◆ [Back space] キー（バックスペースキー）

ここでは「1)」と空行を削除します

カーソルの左側の文字を削除するには [Back space] キー、カーソルの右側の文字を削除するには [Delete] キーを押します

ヒント❗

ノートパソコンなどでは [Delete] キーの表示が [Del] になっていることがあります。

② カーソルの位置を確認します

📓 *日記 - メモ帳

ファイル(F)　編集(E)　書式(O)　表示(V)　ヘルプ(H

1)ついに本日

|パソコンデビューです。

この位置にカーソルがあることを確認します

間違った場合は？

カーソルが左の画面の位置にないときは、方向キー（[↑][↓][←][→]キー）で移動してください。

次のページに続く ▶▶▶

③ 空行を削除します

「Back space」キーを押します

📝 *日記 - メモ帳

ファイル(F)　編集(E)　書式(O)　表示(V)　ヘルプ(H

1)ついに本日

|バソコンデビューです。

「パソコンデビューで
す。」の上の行にあった
空行がひとつ削除され
ました

④ カーソルを上へ移動します

↑キーを2回、押します

📝 *日記 - メモ帳

ファイル(F)　編集(E)　書式(O)　表示(V)　ヘルプ(H

|)ついに本日

バソコンデビューです。

「1)」の前にカーソルが
移動しました

⑤ カーソルの位置を確認します

📝 *日記 - メモ帳

ファイル(F)　編集(E)　書式(O)　表示(V)　ヘルプ(H

|)ついに本日

バソコンデビューです。

カーソルが点滅してい
ることを確認します

第4章　文書を編集して印刷してみよう

⑥ 文字を削除します

Delete

Delete キーを押します

「1」が削除されました

📝 *日記 - メモ帳

ファイル(F)　編集(E)　書式(O)　表示(V)　ヘルプ(H

ﾞ)ついに本日

パソコンデビューです。

間違った場合は？

必要な文字を削除してしまったときは、レッスン㉕（118ページ）を参考に、操作をやり直します。

⑦ 文字を続けて削除します

Delete

Delete キーを押します

「)」が削除されました

📝 *日記 - メモ帳

ファイル(F)　編集(E)　書式(O)　表示(V)　ヘルプ(H

ついに本日

パソコンデビューです。

間違った場合は？

必要な文字を削除してしまったときは、レッスン㉕（118ページ）を参考に、操作をやり直します。

ヒント❗

Back space キーを使うと、カーソルの左側にある文字を削除できます。たとえば、手順5の画面で「1)」の右側にカーソルを移動して、Back space キーを2回、押すと、「)」と「1」が順に削除されます。

🏁 終わり

文字の前後を入れ替えよう

動画で見る

キーワード 切り取り、貼り付け

入力した文章は、範囲を指定して、文字を切り取ったり、貼り付けたりすることができます。切り取りと貼り付けを組み合わせれば、文字の前後を入れ替えることともできます。文字のコピーや貼り付けはメモ帳だけでなく、ほとんどのアプリで共通で使うことができる機能なので、ぜひ、覚えておきましょう。

操作はこれだけ 合わせる  クリック ドラッグ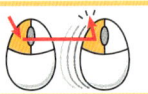

文字を切り取って、別の位置に貼り付けます

| ファイル(F) 編集(E) 書式(O) 表示(V) ヘル |
| ついに本日 |
| パソコンデビューです。 |

● 文字の選択
切り取りたい文字の範囲をドラッグして、選択します。

| ファイル(F) 編集(E) 書式(O) 表示(V) ヘル |
| 本日 |
| パソコンデビューです。 |

● 文字の切り取り
[編集] メニューから [切り取り] を選び、選択した範囲の文字を切り取ります。このとき、切り取った文字は一時的にパソコンに記憶されます。

| ファイル(F) 編集(E) 書式(O) 表示(V) ヘル |
| 本日ついに| |
| パソコンデビューです。 |

● 文字の貼り付け
切り取った文字を貼り付けたい位置にカーソルを移動します。[編集] メニューから [貼り付け] を選んで、文字を貼り付けます。

① 文字を選択します

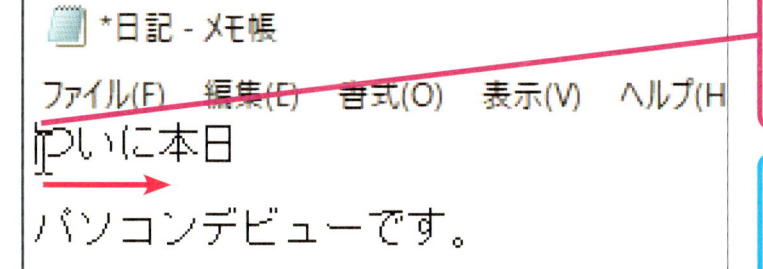

❶「ついに」の前に ▷ を合わせます

▷ の形状が Ⅰ に変わります

❷ 矢印の位置までマウスをドラッグ します

② 文字を切り取ります

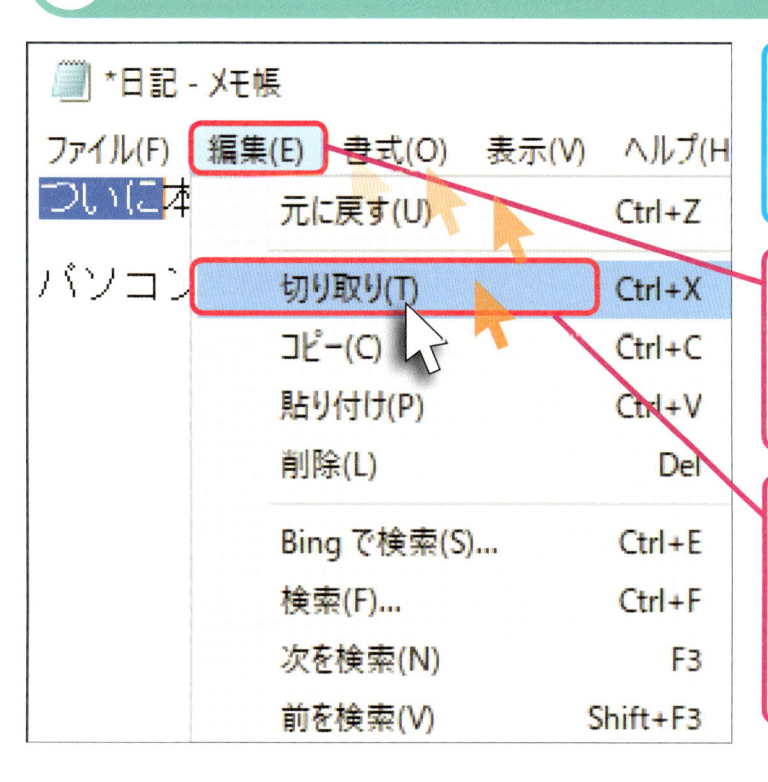

「ついに」の文字が選択され、表示が青色に反転しました

❶ 編集(E) に ▷ を合わせ、そのまま、マウスをクリック します

❷ 切り取り(T) に ▷ を合わせ、そのまま、マウスをクリック します

次のページに続く ▶▶▶

③ 文字が切り取られました

📄 *日記 - メモ帳

ファイル(F)　編集(E)　書式(O)　表示(V)　ヘルプ(H

本日

パソコンデビューです。

> 「ついに」の文字が切り取られました

④ 文字を貼り付ける位置にカーソルを移動します

📄 *日記 - メモ帳

ファイル(F)　編集(E)　書式(O)　表示(V)　ヘルプ(H

本日|

パソコンデビューです。

> ここをクリックします

> 「本日」の後ろにカーソルが移動しました

⑤ 文字を貼り付けます

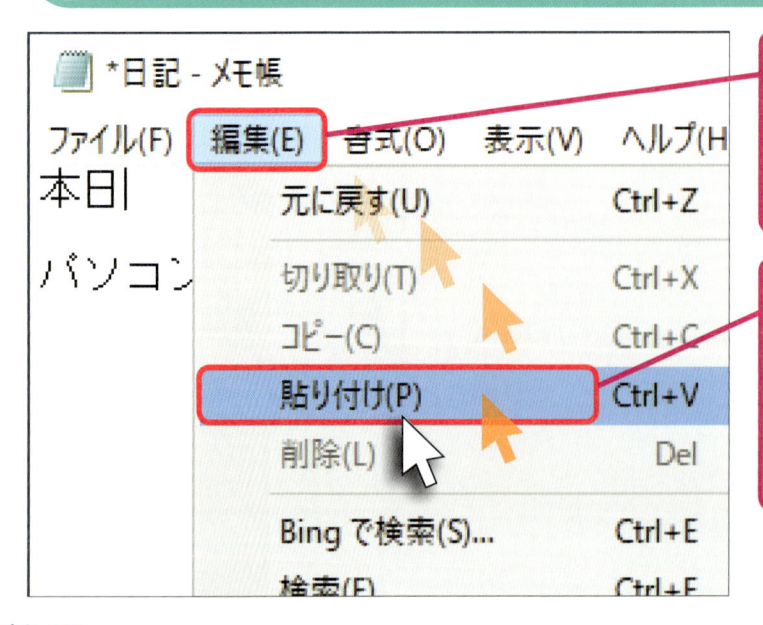

📄 *日記 - メモ帳

ファイル(F)　編集(E)　書式(O)　表示(V)　ヘルプ(H

本日

パソコン

元に戻す(U)	Ctrl+Z
切り取り(T)	Ctrl+X
コピー(C)	Ctrl+C
貼り付け(P)	Ctrl+V
削除(L)	Del
Bing で検索(S)...	Ctrl+E
検索(F)	Ctrl+F

> ❶ 編集(E) に ▷ を合わせ、そのまま、マウスをクリック 🖱 します

> ❷ 貼り付け(P) に ▷ を合わせ、そのまま、マウスをクリック 🖱 します

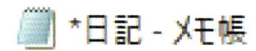

📝 *日記 - メモ帳

ファイル(F)　編集(E)　書式(O)　表示(V)　ヘルプ(H

本日ついに|

パソコンデビューです。

> 「ついに」の文字が貼り付けられました

ヒント❗

ここでは指定した範囲の文字を切り取り、別の位置に貼り付けましたが、手順2の画面で［コピー］を選べば、指定した範囲を残したまま、選択した文字をコピーして、別の場所に貼り付けることができます。また、手順5の［貼り付け］をくり返せば、同じ文字をいくつも貼り付けることができます。

ヒント❗

手順1と同じように、範囲を指定した後、Delete キーを押すと、その範囲の文字を削除できます。文字をまとめて削除したいときに便利です。

📝 *日記 - メモ帳

ファイル(F)　編集(E)　書式(O)　表示(V)　ヘル

ついに本日

パソコンデビューです。

> 削除したい文字をドラッグ 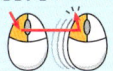 して、選択します

> ❶マウスをドラッグ 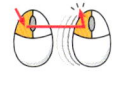 します

📝 *日記 - メモ帳

ファイル(F)　編集(E)　書式(O)　表示(V)　ヘル

本日

パソコンデビューです。

> ❷ Delete キーを押します

> 文字が削除されました

 終わり

直前の編集作業を取り消そう

文書を編集しているとき、操作を間違えることがあります。このようなとき、直前の編集操作を取り消すことができます。たとえば、間違えて切り取ったり、貼り付けたりした文字を元に戻すことができます。ただし、元に戻せるのは、直前の操作に限られています。いくつも前の操作をやり直すことはできません。

操作は
これだけ　合わせる　クリック

[元に戻す] で直前の操作を取り消すことができます

📓 *日記 - メモ帳

ファイル(F)　編集(E)　書式(O)　表示(V)

本日 ついに|

パソコンデビューです。

● **編集を元に戻す**
[編集] メニューから [元に戻す] を選ぶと、直前に編集した操作が取り消されます。

「ついに」の文字の貼り付けを取り消して、元に戻せます

「ついに」の文字の貼り付けをやり直せます

📓 *日記 - メモ帳

ファイル(F)　編集(E)　書式(O)　表示(V)

本日|

パソコンデビューです。

● **編集をやり直す**
もう一度、[編集] メニューから [元に戻す] を選ぶと、直前に元に戻した操作が取り消され、その結果、やり直しの操作ができます。

① 直前の操作を取り消します

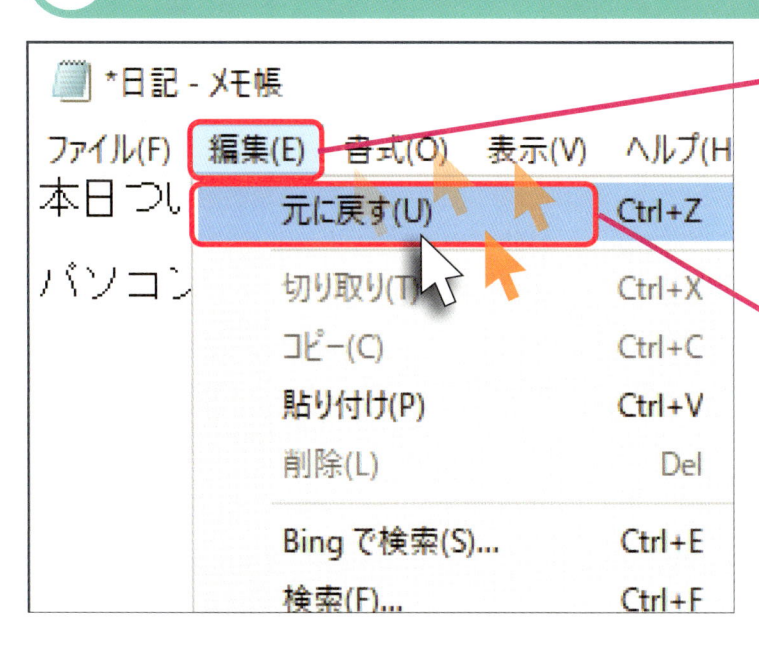

❶ 編集(E) に ▷ を合わせ、そのまま、マウスをクリック 🖱 します

❷ 元に戻す(U) に ▷ を合わせ、そのまま、マウスをクリック 🖱 します

② 直前の操作が取り消されました

```
📄 *日記 - メモ帳
ファイル(F)  編集(E)  書式(O)  表示(V)  ヘルプ(H
本日|

パソコンデビューです。
```

直前に行なった操作が取り消され、操作前の状態に戻りました

ヒント❗

手順2で取り消されたのは、レッスン❷❹の手順5で「ついに」という文字を貼り付けた操作です。

🏁 終わり

編集した文書を保存しよう

キーワード⚷ 上書き保存

文書の編集が終わったら、パソコンに保存しましょう。保存をしないと、それまでに加えた変更が文書に反映されません。文書を保存するとき、［上書き保存］を選ぶと、同じファイル名で保存されるため、編集前のファイルがなくなり、新しい内容のファイルが保存されます。上書き保存の特徴を理解しておきましょう。

操作は
これだけ 合わせる クリック

ファイル名や保存場所は同じままで保存します

［上書き保存］を実行すると、それまで保存されていた内容が書き換えられます

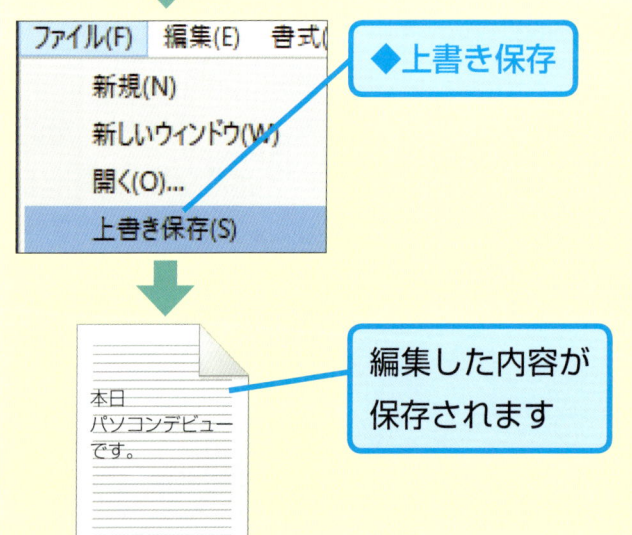

◆上書き保存

編集した内容が保存されます

● **文書の上書き保存**

［ファイル］メニューから［上書き保存］を選ぶと、同じファイル名のまま、上書きでファイルが保存されます。

ヒント❗

［ファイル］メニューには、［上書き保存］と［名前を付けて保存］があります。［上書き保存］は同じファイル名のまま、内容を書き換えて保存します。一方、［名前を付けて保存］は新たにファイル名を付けて、保存する前とは別のファイルとして保存します。

① 文書を上書きで保存します

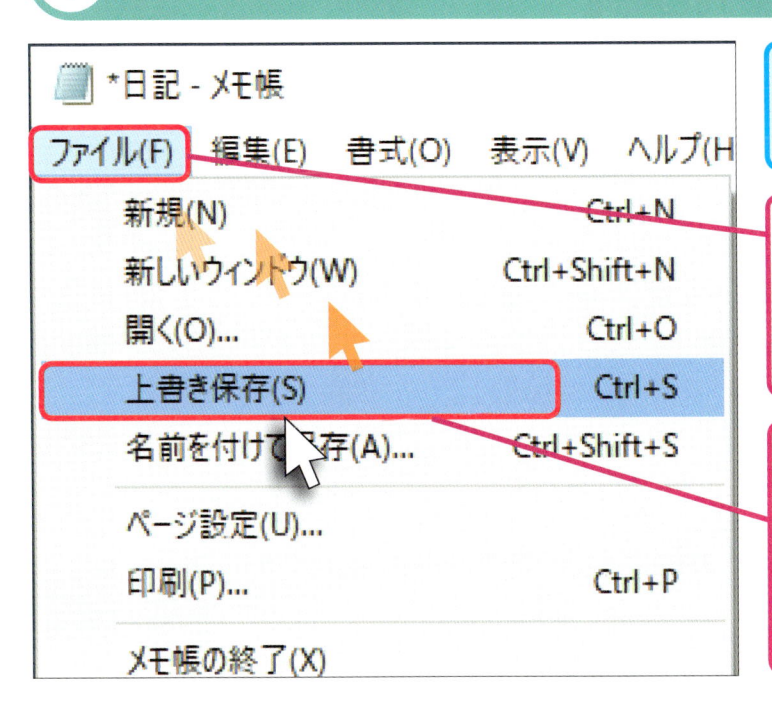

「日記」をメモ帳で表示して、編集しておきます

❶ ファイル(F) に 🖱 を合わせ、そのまま、マウスをクリック 🖱 します

❷ 上書き保存(S) に 🖱 を合わせ、そのまま、マウスをクリック 🖱 します

② 文書が上書きで保存されました

```
📋 日記 - メモ帳
ファイル(F)　編集(E)　書式(O)　表示(V)　ヘルプ(H
本日
パソコンデビューです。
```

「日記」の文書が上書きで保存されました

ヒント ❗

文書を上書きで保存すると、編集前の状態のファイルがなくなり、ファイルを元に戻すことができなくなります。

 終わり

文書を印刷しよう

作成した文書はプリンターを使い、印刷することができます。プリンターを使うには、あらかじめプリンターを動作させるためのソフトウェアなどをインストールして、パソコンとプリンターを接続しておく必要があります。ここではメモ帳で文書を印刷しますが、ほかのアプリでも同じように印刷ができます。

操作は
これだけ 合わせる  クリック

プリンターで文書を用紙に印刷します

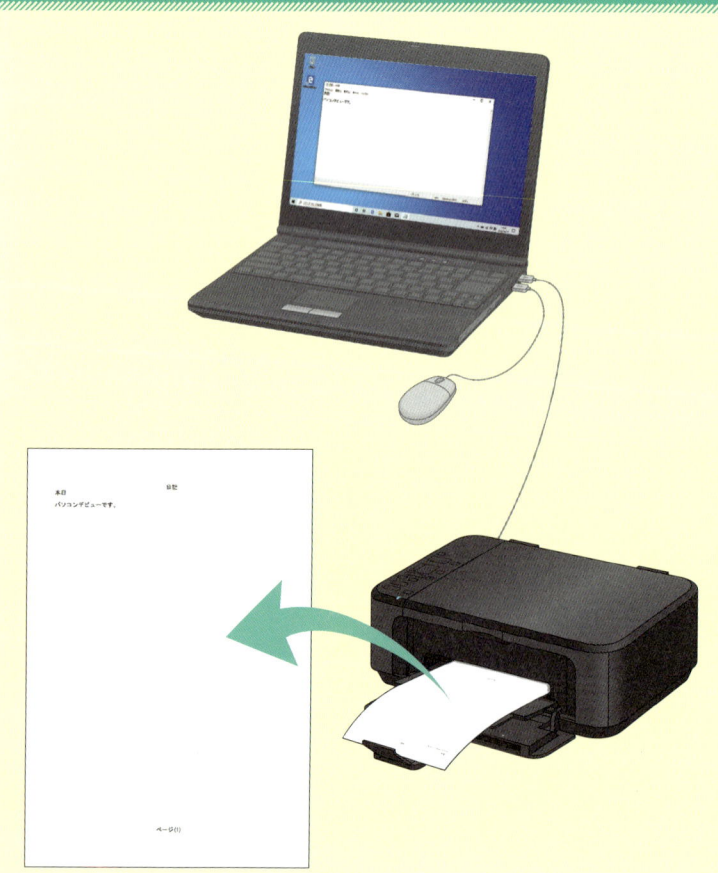

● **プリンターの接続**
文書を印刷するには、あらかじめパソコンをプリンターに接続して、使えるように準備をしておく必要があります。

● **用紙のセット**
プリンターの給紙トレイに文書を印刷するための用紙をセットします。

● **文書の印刷**
［ファイル］メニューから［印刷］を選びます。表示された画面で［印刷］ボタンをクリックします。

① [印刷] の画面を表示します

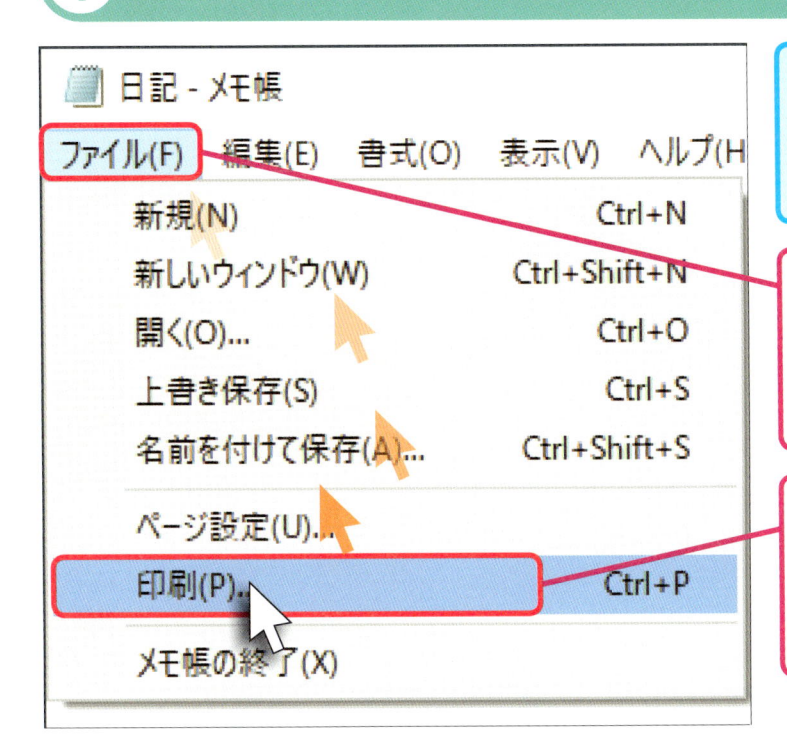

取扱説明書などを参考に、プリンターを使える状態にしておきます

❶ ファイル(F) に 🔍 を合わせ、そのまま、マウスをクリック 🖱 します

❷ 印刷(P)... に 🔍 を合わせ、そのまま、マウスをクリック 🖱 します

② 文書を印刷します

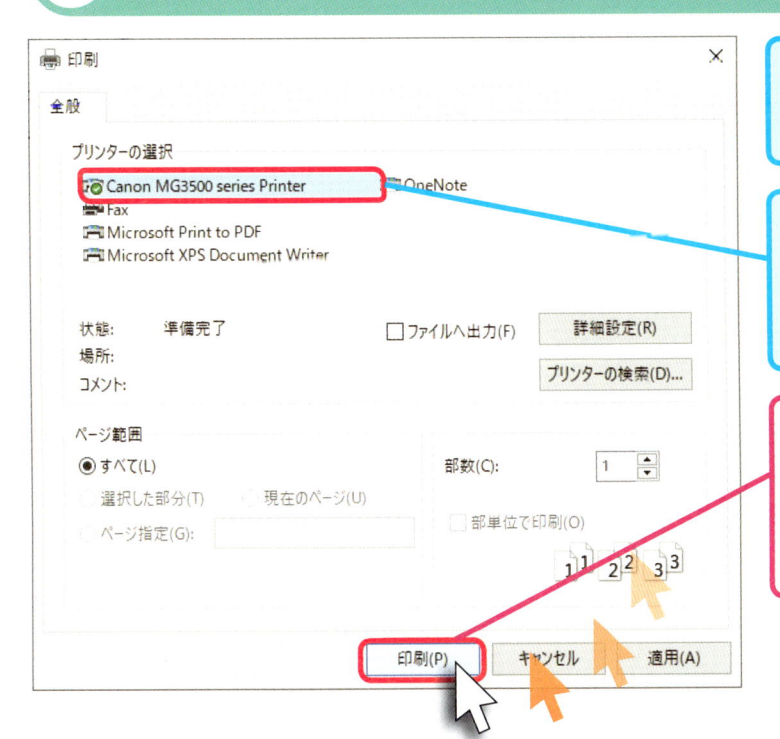

[印刷] の画面が表示されました

目的のプリンターが選ばれていることを確認します

印刷(P) に 🔍 を合わせ、そのまま、マウスをクリック 🖱 します

次のページに続く▶▶▶

③ 文書が印刷されました

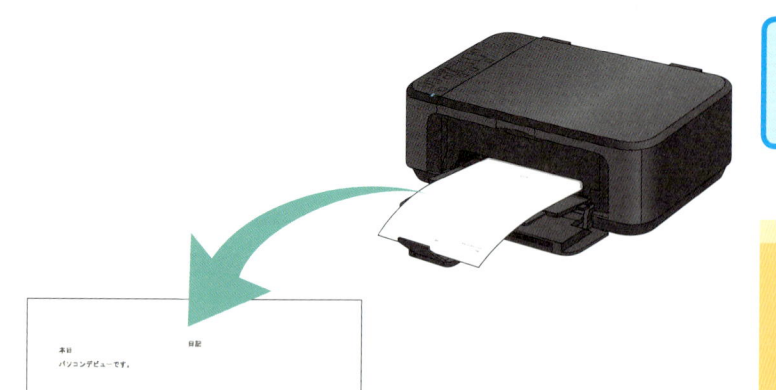

「日記」の文書が印刷されました

ヒント❗

印刷にかかる時間は、プリンターの種類や性能、印刷する文書の内容などによって、異なります。

間違った場合は？

印刷がはじまらないときは、プリンターに正しく用紙がセットされているか、プリンターの電源が入っているかなどを確認しましょう。

④ [閉じる] ボタンをクリックします

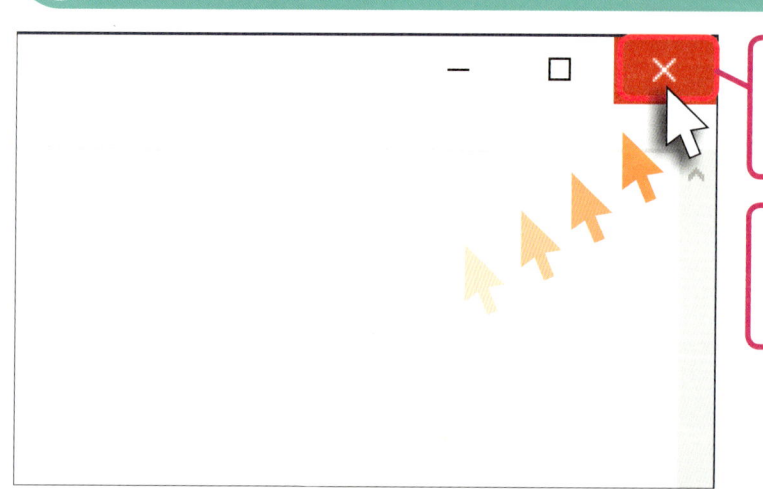

❶画面右上の ✕ に を合わせます

❷そのまま、マウスをクリック します

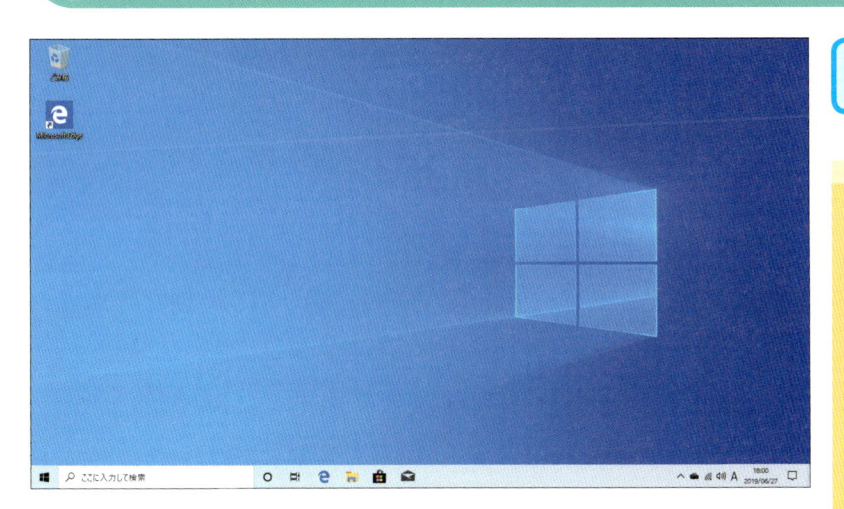

メモ帳が閉じました

ヒント❗

［閉じる］ボタン（☒）をクリックして、ウィンドウを閉じると、アプリも終了します。一部の例外を除き、ほかのアプリも同じように終了します。

ヒント❗

変更したファイルを保存しないまま、アプリを終了すると、「変更内容を保存しますか?」という画面が表示されます。［保存する］ボタンをクリックすると、変更内容を保存します。［保存しない］ボタンをクリックすると、ファイルを保存しないで、アプリを終了します。

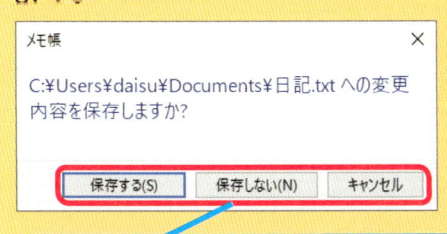

内容を確認してから、ボタンをクリック🖱️します

●保存確認のボタンと意味

画面のボタン	クリックしたときの動作
保存する(S)	文書の変更内容を上書き保存して、メモ帳を終了します
保存しない(N)	文書の変更内容を保存せずに、メモ帳を終了します ※文書の変更内容は破棄されます
キャンセル	何もせずに、保存を確認する画面を閉じます ※文書の変更内容はそのままで、メモ帳の画面に戻ります

 終わり

 メモ帳を素早く起動したい

A タスクバーに［メモ帳］をピン留めします

よく使うアプリはタスクバーに「ピン留め」しておくと、すぐに起動できます。ピン留めしたいアプリのアイコンを右クリックして、［タスクバーにピン留めする］をクリックすれば、タスクバーにピン留めできます。タスクバーに表示されたアイコンをクリックすれば、すぐにアプリを起動できるようになります。

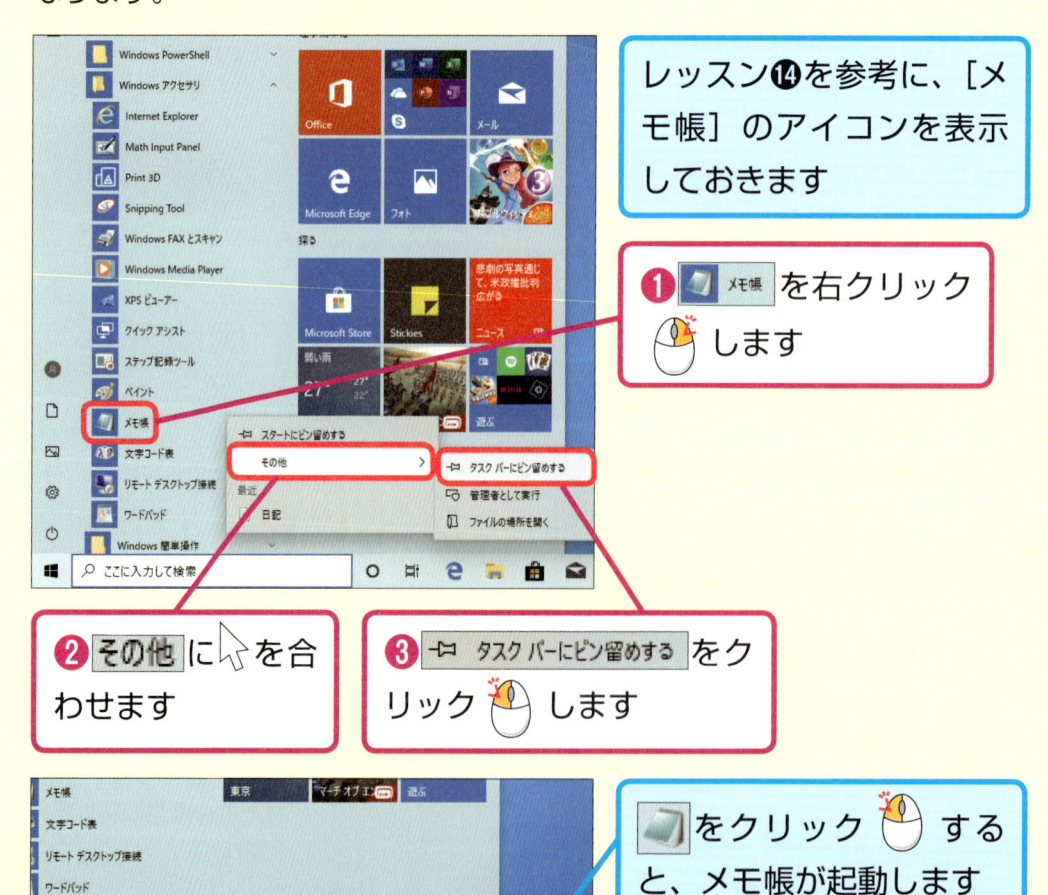

レッスン⓮を参考に、［メモ帳］のアイコンを表示しておきます

❶ 📘 メモ帳 を右クリック 🖱 します

❷ その他 に🖱を合わせます

❸ 📌 タスク バーにピン留めする をクリック 🖱 します

📘 をクリック 🖱 すると、メモ帳が起動します

第4章 文書を編集して印刷してみよう

Q メモ帳を起動してから文書を開くには

A ［ファイル］メニューから保存先の文書を開けます

レッスン㉑ではフォルダーウィンドウで文書をダブルクリックして、メモ帳を起動しましたが、先にメモ帳を起動してから文書を開くこともできます。メモ帳を起動し、［ファイル］メニューから［開く］をクリックして、開きたいファイルを選び、[開く]をクリックすれば、文書を開くことができます。

レッスン⓮（68ページ）を参考に、メモ帳を起動しておきます

❶ ファイル(F) をクリックします

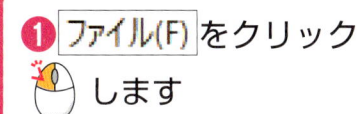

❷ 開く(O)... をクリックします

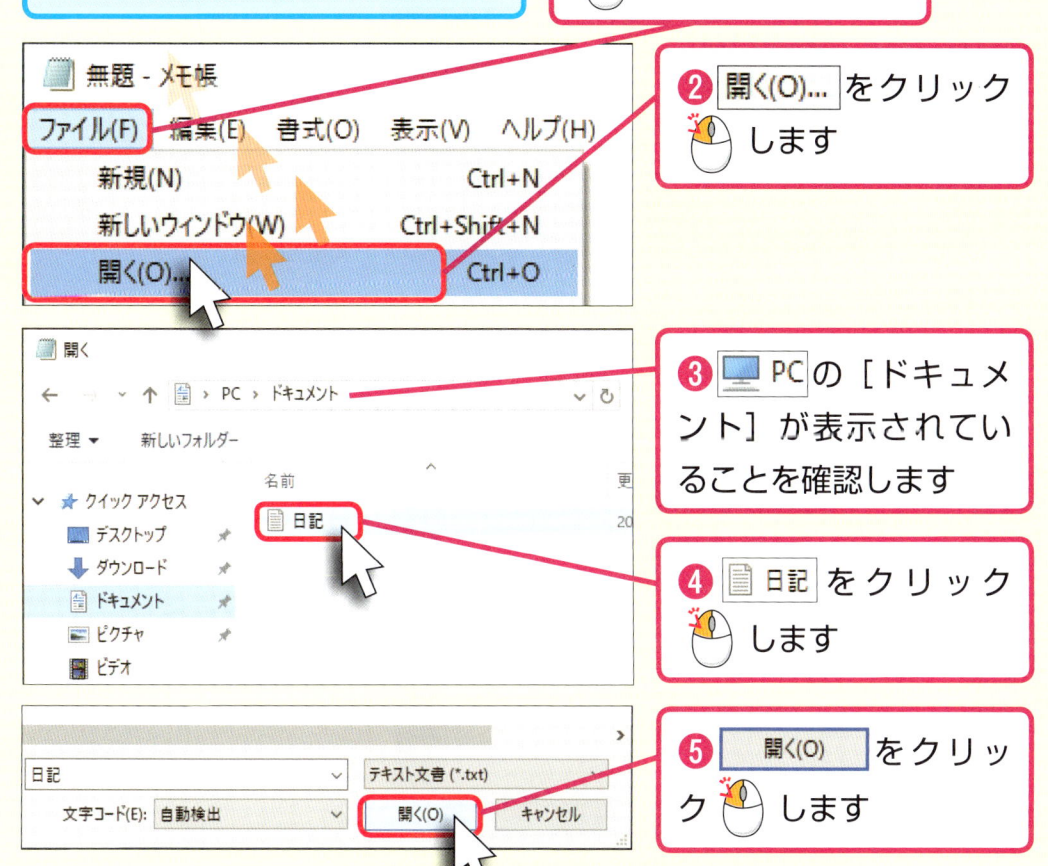

❸ 🖥 PC の［ドキュメント］が表示されていることを確認します

❹ 📄 日記 をクリックします

❺ 開く(O) をクリックします

Q ウィンドウの大きさを変えたり、動かしたりするには

A ウィンドウをドラッグして、サイズを変えたり、移動できる

デスクトップに表示されているウィンドウは、以下のようにマウスをウィンドウに合わせ、ドラッグすることで、サイズを変えたり、移動することができます。ウィンドウサイズを変更するときは、[ ] の形状が [ ] に変わるので、その状態でドラッグしましょう。

● ウィンドウのサイズ変更

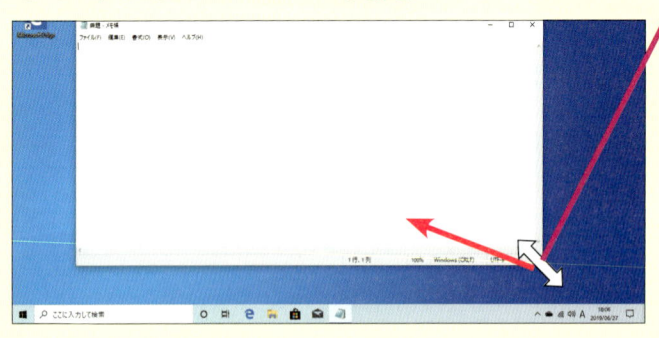

❶ ウィンドウの右下に を合わせます

の形状が に変わります

❷ 矢印の方向にマウスをドラッグします

● ウィンドウの移動

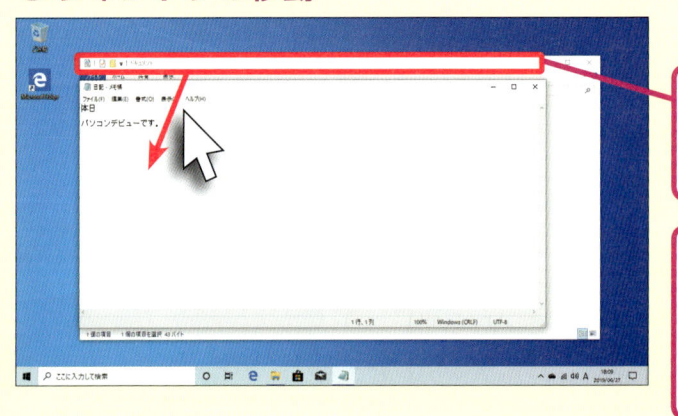

❶ タイトルバーに を合わせます

❷ そのまま、矢印の方向にマウスをドラッグします

第4章 文書を編集して印刷してみよう

Q ウィンドウ右上のボタンは どう使えばいいの？

A ウィンドウを閉じたり、最小化や最大化するとき などに使います

デスクトップに表示されているウィンドウの右上には、3つのボタンが表示されています。これらのボタンはウィンドウの最大化や最小化、元のサイズに戻すとき、閉じるときに使います。デスクトップで利用するアプリでは、同じように操作できるので、それぞれのボタンの役割と動作を理解しておきましょう。

● 通常のウィンドウ（メモ帳の例）

デスクトップのウィンドウには、左から［最小化］ボタン（−）、［最大化］ボタン（□）、［閉じる］ボタン（×）が表示されます

● 最小化のウィンドウ

最小化すると、メモ帳の画面がタスクバーに隠れます

● 最大化のウィンドウ

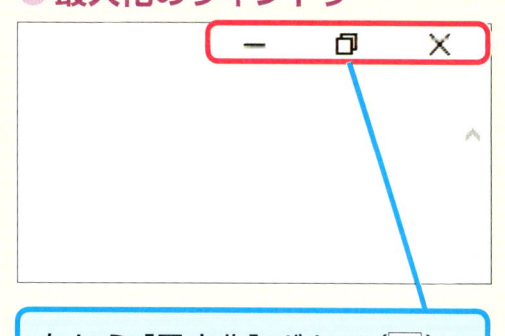

左から［最小化］ボタン（−）、［元に戻す］ボタン（□）、［閉じる］ボタン（×）です

Q 検索ボックスを利用するには

A キーワードを入力すれば、パソコン内のファイルやWebページの検索結果が表示されます

何か検索したいことがあるときは、タスクバーの検索ボックスを使います。キーワードを入力すると、パソコン内に保存されているファイルやWebページなどで該当する検索結果が表示されます。また、［メモ帳］などのアプリ名を入力して、アプリを起動することもできます。

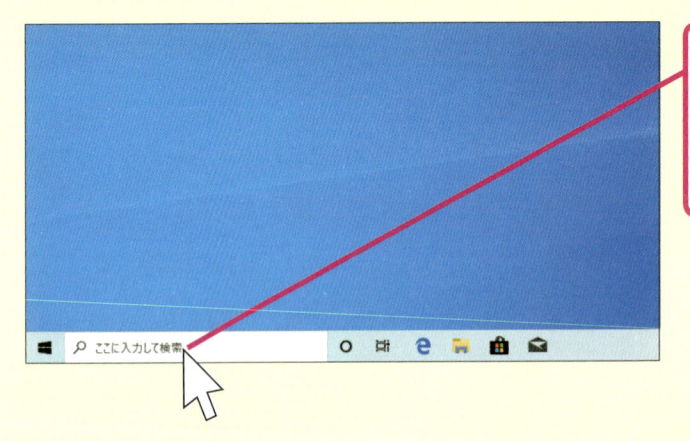

❶ 🔍 ここに入力して検索 に 🖱 を合わせ、そのまま クリック 🥚 します

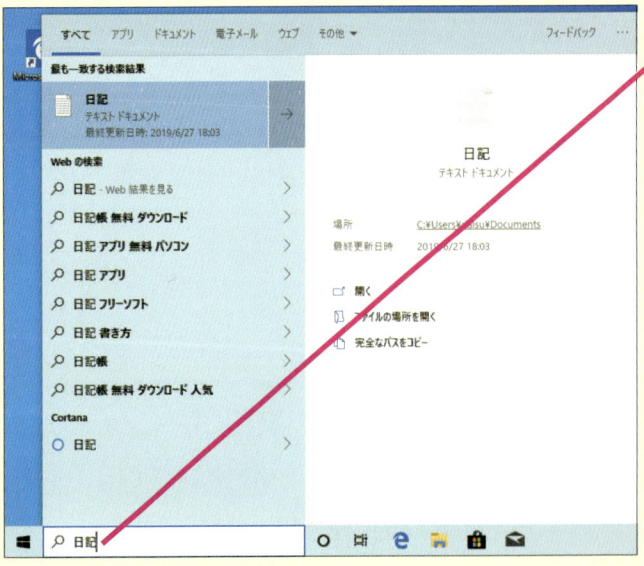

❷ 検索キーワードを入力します

パソコン内のファイルやWeb上での検索結果が一覧で表示されます

第5章

インターネットを使ってみよう

パソコンのさまざまな使い道のなかで、もっとも便利で、広く利用されているのがインターネットです。この章ではインターネットがどんなものなのか、公開されているWebページの見方などについて、解説します。

この章の内容

インターネットを安全に使うには

インターネットは世界規模のネットワークであるため、便利なサービスが利用できる一方、実社会に似たさまざまな危険が潜んでいます。パソコンにトラブルが起きるだけでなく、個人情報などが盗み見られる危険性もあります。インターネットを安全に使うために、セキュリティ対策をしておきましょう。

パソコンの安全性をおびやかすものを知りましょう

● コンピューターウイルス

コンピューターウイルスはパソコンのシステムを勝手に書き換えたり、保存されている情報を消去するなどのトラブルを引き起こします。感染したパソコンを遠隔操作で使い、周囲のパソコンやインターネットに被害を拡大するウイルスもあります。

● マルウェア

マルウェアは「スパイウェア」とも呼ばれ、一見、安全そうなアプリなどに潜ませて、パソコンにインストールさせることにより、パソコンを使う人の承諾や許可なく、インターネットでの行動や個人情報を収集するなどの危険性があります。

第5章 インターネットを使ってみよう

● 不正なアクセス

パソコンからインターネットに接続しているとき、逆にインターネットに接続されたほかのパソコンなどから侵入を試みられたり、攻撃を受けることがあります。個人情報が盗み見られたり、パソコン内の情報を改ざんされる危険性もあります。

ヒント ❓

本物によく似せたニセモノのWebページにアクセスさせて、個人情報を盗み出す「フィッシング詐欺」、リンクをクリックしただけで有料契約をしたように見せかける「ワンクリック詐欺」などの被害に遭う人が増えているので、注意が必要です。

インターネットとの間に「壁」を作って、パソコンを守ります

インターネットからの不正なアクセスなどを防ぐためには、「ファイアウォール」という機能を使います。直訳の「防火壁」という言葉からもわかるように、外部からの不正なアクセスや侵入を遮断し、信頼できる相手のみとデータを送受信できるようにします。インターネットだけでなく、オフィスや自宅、公衆無線LANサービスなどでパソコンを使うときにも効果を発揮します。

ファイアウォール

不正なアクセス

インターネットとのデータのやりとりを監視し、不正なアクセスを遮断します

次のページに続く ▶▶▶

セキュリティ対策ソフトでパソコンを守りましょう

インターネットを使うときのさまざまな危険に対し、ウィンドウズ 10にはパソコンを守るためのセキュリティ対策ソフトの機能があらかじめ組み込まれています。ダウンロードするファイルやWebペ

ージがウイルスに感染していないかを調べて駆除したり、ファイアウォールにより、外部からの不正なアクセスを防ぐこともできるため、安心してパソコンを使うことができます。

ヒント

ウィンドウズ 10には市販のセキュリティ対策ソフトをインストールして、使うことができます。パソコンによっては、あらかじめ市販のセキュリティ対策ソフトがインストールされてい

て、90日間などの一定期間、試用できることがあります。試用期間終了後はそれぞれのセキュリティ対策ソフトの提供会社と契約を更新することで、継続して使うことができます。

ウイルスやスパイウェア、不正アクセスなどは、パソコンで動作するさまざまなソフトウェアの問題点などを狙って、攻撃を仕掛けてきます。そこで、ウィンドウズでは「Windows Update」という機能を提供し、出荷後に加えられたプログラム

ウィンドウズ アップデート

の修正や改良をインターネット経由で更新できるようにしています。Windows Updateの更新プログラムは基本的に自動でインストールされますが、ときどき、更新プログラムの有無を確認して、ウィンドウズを最新の状態に保ちましょう。

> レッスン❾（50ページ）を参考に、［スタート］メニューを表示しておきます

❶ ⚙ に ↖ を合わせ、そのまま、マウスをクリック🖱 します

❷ スクロールバーに ↖ を合わせ、そのまま、下方向へドラッグ 🖱 します

❸ ［更新とセキュリティ］に ↖ を合わせ、そのまま、マウスをクリック🖱 します

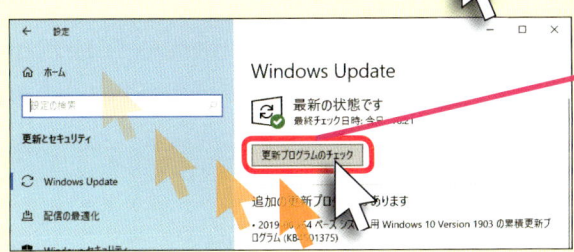

❹ 更新プログラムのチェック に ↖ を合わせ、そのまま、マウスをクリック🖱 します

🏁 終わり

インターネットのWebページを見てみよう

動画で見る

キーワード Microsoft Edge

インターネットに接続できたら、Webページを見てみましょう。Webページはホームページとも呼ばれ、「ブラウザー」というアプリで表示することがで きます。ウィンドウズには「Microsoft Edge」というブラウザーが標準で搭載されています。[スタート] メニューを表示し、スタート画面から起動しましょう。

操作は
これだけ

合わせる  クリック

[Microsoft Edge] のタイルをクリックします

◆[スタート]メニューの
Microsoft Edge

● Microsoft Edgeの起動

ウィンドウズ10にはこれまでのウィンドウズに搭載されてきたInternet Explorerに代わり、Microsoft Edgeという新しいWebブラウザーが搭載されました。基本的な使い方は同じですが、従来よりもセキュリティが強化されているなどの特徴があります。

● Webページの表示

Microsoft Edgeが起動すると、インターネットのWebページがパソコンに読み込まれ、内容が表示されます。最初に表示されるページを「ホーム」と呼びます。パソコンによって、設定されているホームが異なります。

① Microsoft Edgeを起動します

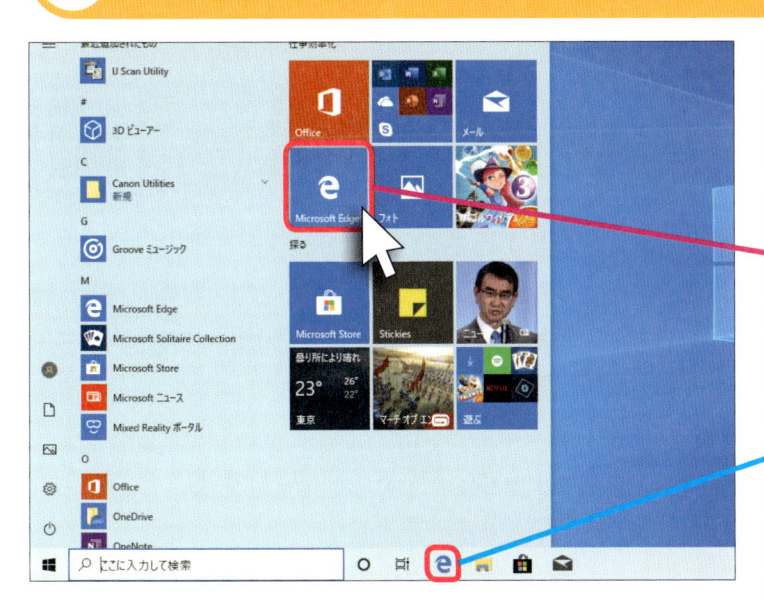

[スタート] メニューを
表示しておきます

[Microsoft Edge] に
を合わせ、そのま
ま、クリックします

をクリックして
もMicrosoft Edgeを
起動できます

② Microsoft Edgeが起動しました

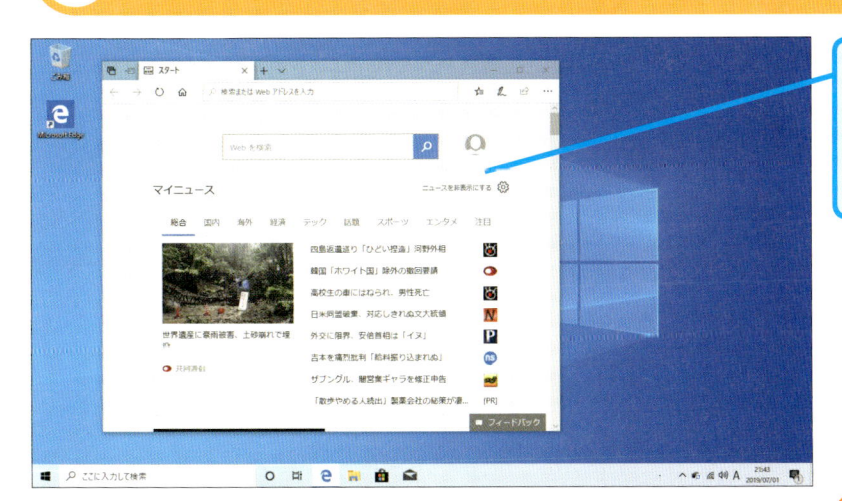

ブラウザーの
Microsoft Edge
が起動しました

ヒント

ここでは [スタート] メニューからMicrosoft Edgeを
起動しましたが、タスクバーに表示されている同じアイ
コンのボタンをクリックして、起動することもできます。

注　意

最初に表示される
Webページの内容は、
パソコンの機種や設
定によって異なります

 終わり

見たいWebページを表示しよう

動画で見る

キーワード アドレス

インターネットのWebページを見るには、Microsoft EdgeのアドレスバーにWebページのアドレスを入力します。アドレスはインターネット上の住所に相当するもので、「URL」とも呼ばれます。表示されたWebページが画面に表示しきれないときは、スクロールをさせて、読むことができます。

操作はこれだけ　合わせる　クリック 　入力する

アドレスを入力して、Webページを表示します

毎日新聞のアドレス
https://mainichi.jp/

⬇ 入力したアドレスのWebページが表示されます

● ページの表示

Microsoft Edgeのアドレスバーに、Webページのアドレス（URL）を入力し、[Enter]キーを押すと、Webページが表示されます。

◆アドレスバー

ヒント❗

Microsoft EdgeのアドレスバーにURLを入力しないで、直接、「毎日新聞」と表示したいWebページの名称を入力して、Webページを検索することもできます。

① アドレスバーを選択します

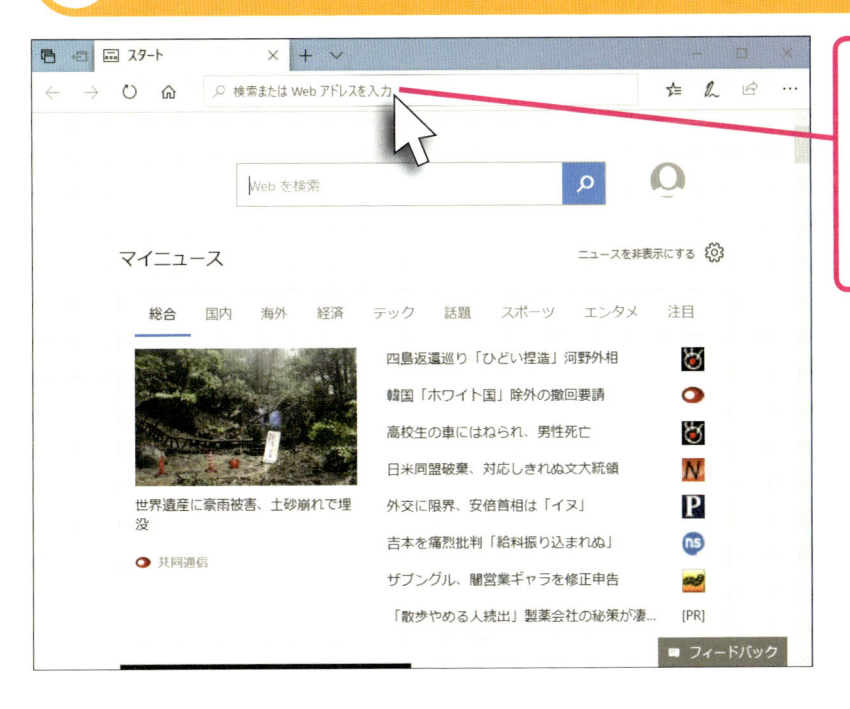

アドレスバーに
を合わせ、そのま
ま、マウスをクリ
ックします

② アドレスを入力できる状態になりました

アドレスバーにア
ドレスが入力でき
る状態になりました

次のページに続く▶▶▶

❸ 見たいWebページのアドレスを入力します

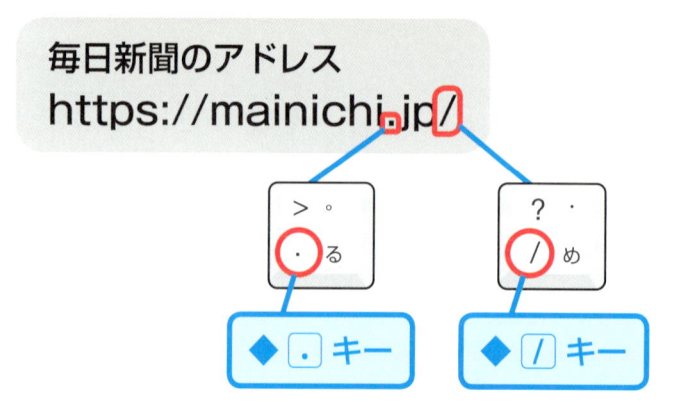

毎日新聞のアドレス
https://mainichi.jp/

◆ ． キー

◆ / キー

ここでは毎日新聞の
Webページのアドレス
を入力します

「.」（ドット）や「/」（ス
ラッシュ）を入力するに
は左のキーを使います

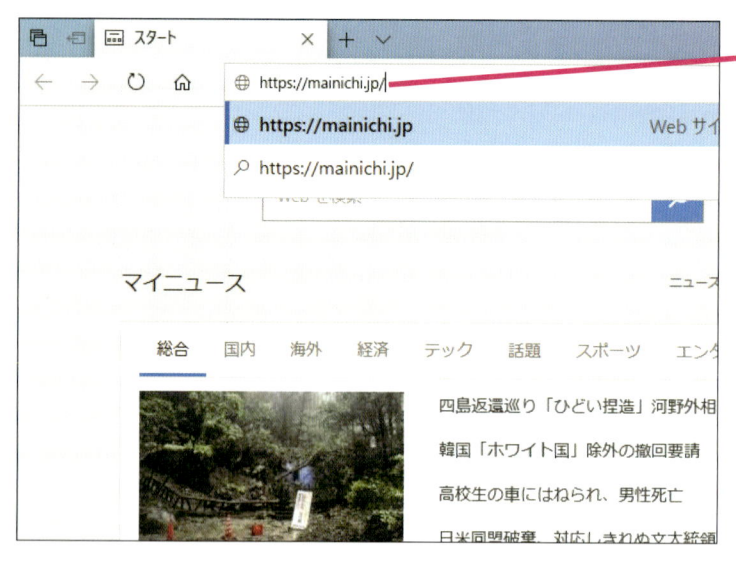

❶ 「mainichi.jp/」と入
力します

❷ そのまま、Enter キ
ーを押します

ヒント

アドレスの先頭の
「https://」の部分は、省
略して入力できます。

ヒント

ここではMicrosoft Edgeのアドレス
バーをクリックして、Webページの
アドレス（URL）を入力しましたが、
検索したいキーワードを直接、入力し
て、目的のWebページを探すこともで

きます。たとえば、「毎日新聞」と入力
して、表示された検索結果から［毎日
新聞のニュース・情報サイト］をクリ
ックすると、手順と同じように、Web
ページを表示できます。

④ Webページの隠れている部分を表示します

入力したアドレスのWebページが表示されました

スクロールバーに 🔖 を合わせ、そのまま、下方向へドラッグします

⑤ Webページの隠れている部分が表示されました

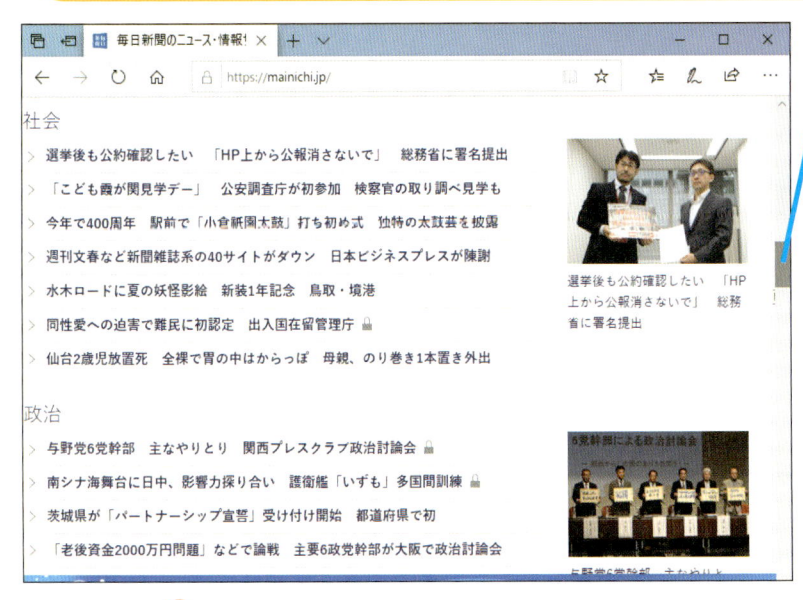

スクロールバーが移動し、画面の隠れている部分が表示されました

ヒント💡

マウスにホイールが付いているときは、ホイールを回すことで、Webページの画面をスクロール（移動）できます。🔖 をWebページ内に合わせ、ホイールを回すと、上下方向にWebページがスクロールします。

 終わり

31 文字を大きく表示してみよう

Webページを見るとき、表示されている文字が小さく、読みにくかったり、見えにくいことがあります。Microsoft Edgeでは簡単な操作で表示倍率を変更し、拡大することができます。表示倍率を大きくすると、Webページの文字と画像がいっしょに大きく表示されます。自分の見やすいサイズで表示してみましょう。

操作はこれだけ 合わせる  クリック

メニューから操作して、文字を大きく表示できます

● ➕ で拡大

Microsoft Edgeの拡大機能を使い、Webページの表示倍率を10%から1000%まで、変更できます。表示倍率を上げれば、文字と画像がいっしょに大きく表示されるので、Webページが見やすくなります。

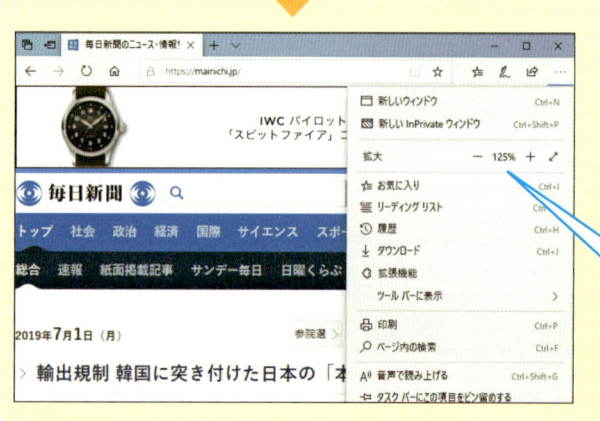

➖ や ➕ をクリック して表示倍率を調節します

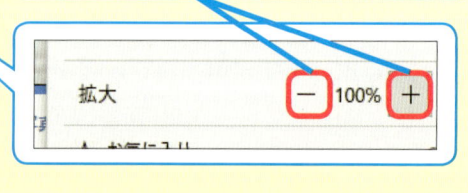

① メニューを表示します

…に ⬚ を合わせ、そのまま、マウスをクリック 🖱 します

② Webページの文字と画像を大きくします

メニューが表示されました

❶ ＋ に ⬚ を合わせ、そのまま、マウスをクリック 🖱 します

Webページの画像と文字が大きくなりました

❷ タイトルバーに ⬚ を合わせ、そのまま、マウスをクリック 🖱 します

メニューが閉じます

 終わり

関連するほかの Webページに移動しよう

キーワード  リンク

インターネットのWebページには、ほかのWebページにつながる「リンク」が用意されています。リンクをクリックすることで、Microsoft Edgeには関連する情報が掲載されたほかのWebページが表示されます。リンクはWebページ内の文字だけでなく、写真や画像などに設定されていることもあります。

操作はこれだけ　合わせる　　クリック　

リンクをクリックして、ほかのWebページを表示します

経済

> 消費税増税による消費冷え込みに警戒感　世界経済減速への懸念
> 半導体材料輸出規制　動き鈍い韓国　日本の「本気度」を突き付け
> 日経平均、2カ月ぶりの高値　米中首脳の通商協議再開を好感
> ウォークマン発売40年　東京・銀　念イベント
> 政府、韓国への半導体材料輸出を規制　今後は他品目にも広げる

外壁塗装の適正価格は？
サイトへ

毎日新聞

日経平均、2カ月ぶりの高値　米中首脳の通商協議再開を好感

毎日新聞　2019年7月1日 19時30分（最終更新 7月1日 21時08分）

経済一般　アメリカ　中国　東京都　速報　最新の経済ニュース　経済

1日の東京株式市場は、前週末に米中首脳が通商協議の再開で合意したことが好材料となり、日経平均株価は一時480円超上昇した。終

デジタル毎日　夏得キャンペーン

● Webページのリンク

インターネットのWebページには、ほかのWebページに移動できる「リンク」が用意されています。リンクは文字や画像などに設定されています。

● リンクしたWebページの表示

リンクに 🔖 を合わせると、マウスポインターの形状が変化（ 👆 ）します。リンクをクリックすると、ほかのWebページを表示できます。

ヒント❗

リンクをクリックして表示されるほかのWebページや写真を「リンク先」や「リンクしたWebページ」と呼びます。

ここではニュースの詳細を表示します

❶ リンクに⬚を合わせます

⬚の形状が🖑に変わります

❷ そのまま、マウスをクリックします

② リンク先のWebページが表示されました

ニュースの詳細が掲載されたリンク先のWebページが表示されました

ヒント❗

Webページによっては、リンク先のWebページが新しいタブや新しいウィンドウで表示されることもあります。

 終わり

レッスン 33 直前に表示していた Webページに移動しよう

キーワード [戻る] ボタン、[進む] ボタン

リンクをクリックして、ほかのWebページに移動した後、再び前後のWebページを表示できます。アドレスバーの[戻る]ボタンをクリックすれば、ひとつ前のWebページに戻り、[進む]ボタンをクリックすれば、再びリンク先のWebページを表示できます。[戻る]ボタンと[進む]ボタンを上手に使いましょう。

操作はこれだけ　合わせる 　クリック

アドレスバーのボタンをクリックします

● アドレスバーの操作

ひとつ前に表示していたWebページ、ひとつ先に表示していたWebページに移動するときは、アドレスバーに表示されている[戻る]ボタンや[進む]ボタンをクリックします。それぞれ前後のWebページに移動できますが、現在表示しているWebページの状態によっては、ボタンがクリックできなかったり、前後のWebページに移動できないことがあります。

ヒント

アドレスバーの[最新の情報に更新]ボタンは、現在表示しているWebページをもう一度、読み込み、表示し直すときに使います。

◆[戻る]ボタン
ひとつ前に表示していたWebページに移動します

◆[進む]ボタン
直前に表示していたWebページに移動します

◆[最新の情報に更新]ボタン

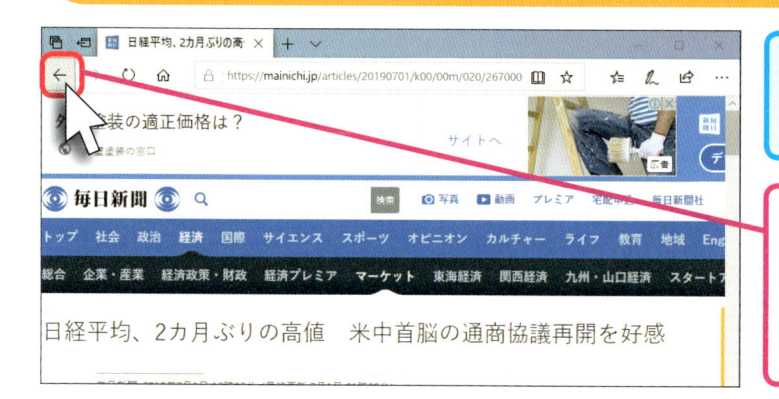

ひとつ前に表示していた
Webページを表示します

←に🖱を合わせ、その
まま、マウスをクリック
します

② ひとつ前のWebページが表示されました

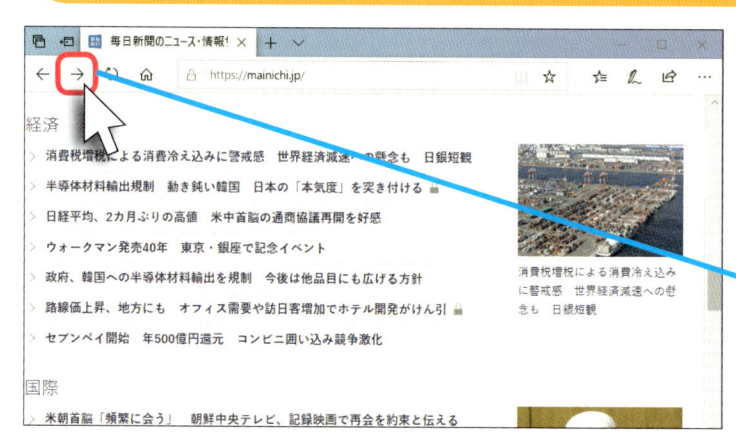

ひとつ前に表示していた
Webページが表示されま
した

→をクリック🖱する
と、直前に表示していた
Webページに移動します

ヒント❗

ツールバーのをクリックし、［履歴］
を選ぶと、それまでに表示したWebペ
ージの一覧が表示されます。一覧から
選ぶと、Webページを表示できます。

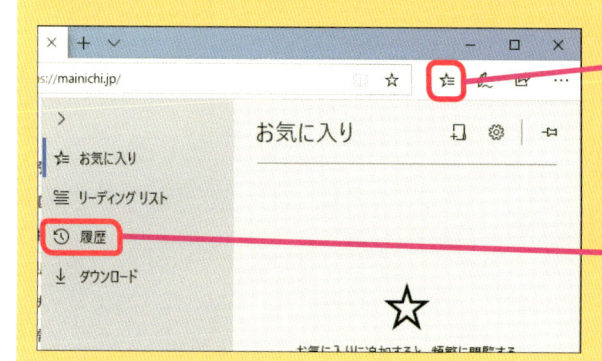

❶ ⭐≡ に🖱を合わせ、そのまま、
マウスをクリック🖱 します

❷ 🕐 履歴 に🖱を合わせ、そのま
ま、マウスをクリック🖱 します

🏁 終わり

気に入ったWebページを登録しよう

キーワード 🔑 お気に入り

よく見るWebページは、Microsoft Edgeの［お気に入り］に追加できます。［お気に入り］に追加すると、そのWebページはアドレスを入力しなくても［お気に入り］の一覧から選ぶだけで、すぐに表示できます。役に立ちそうなWebページ、後で見たいWebページなどを追加しておくと、便利でしょう。

操作はこれだけ 合わせる ▶▶▶  クリック

Webページを ［お気に入り］ に登録します

☆ をクリック します

[お気に入り]にWebページが登録されます

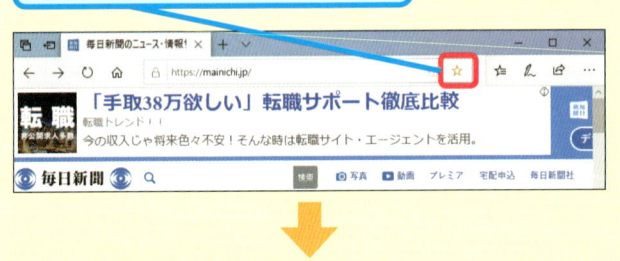

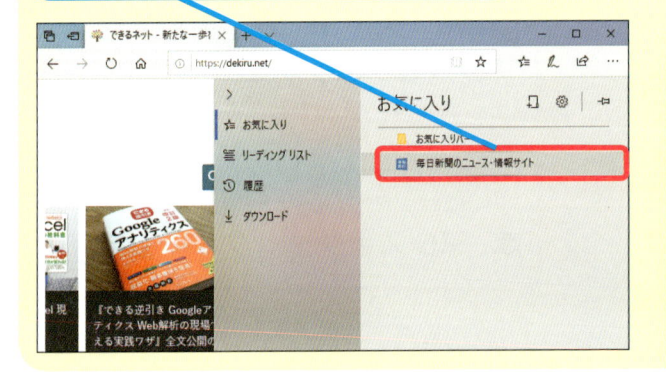

● **お気に入りの追加**

お気に入りに登録するには、ツールバーの［お気に入りまたはリーディングリストに追加］ボタン（☆）をクリックします。［お気に入り］タブが選ばれていることを確認して、［追加］ボタンをクリックすると、お気に入りに追加することができます。

ヒント ❗

手順1でお気に入りに追加するとき、名前は自由に変更できます。Webページによっては長い名前が表示されることもあるので、わかりやすい名前に変更しておきましょう。

① Webページを［お気に入り］に追加します

❶ ☆ に を合わせ、そのまま、マウスをクリックします

［お気に入り］の画面が表示されました

❷ 追加 に を合わせ、そのまま、マウスをクリックします

② ［お気に入り］に追加されました

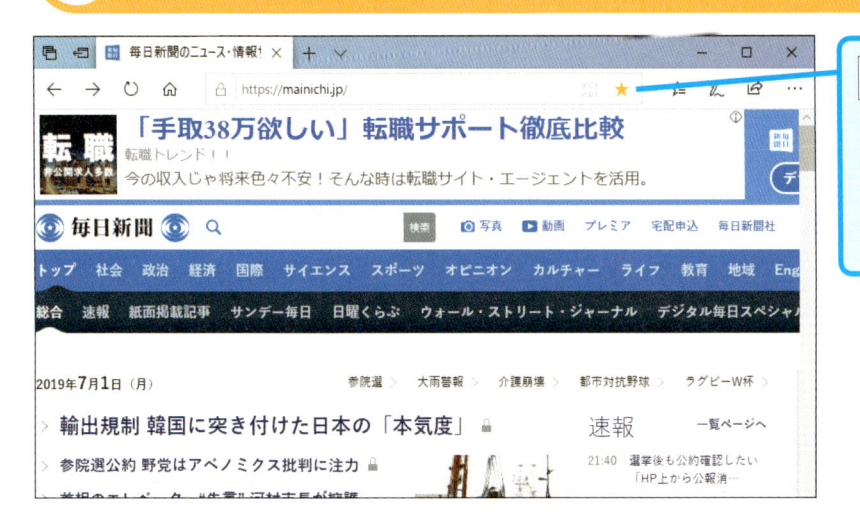

☆ が ⭐ に変わり、Webページが［お気に入り］に追加されました

次のページに続く ▶▶▶

お気に入りの表示

① お気に入りの一覧を表示します

[お気に入り] の画面を表示して、保存された
Webページを確認します

レッスン㉚を参考に、別のWebページを表示しておきます

🌟≡ に 🖱 を合わせ、そのまま、マウスをクリック🖱します

レッスン㉚を参考

ヒント❗

追加したお気に入りが不要になったり、間違えて登録したときは、下のように操作すると、お気に入りを削除できます。お気に入りを削除すると、元に戻すことはできないので、よく確認したうえで、削除しましょう。

[お気に入り] の画面を表示しておきます

❶削除するお気に入りに 🖱 を合わせ、そのまま、マウスを右クリック🖱します

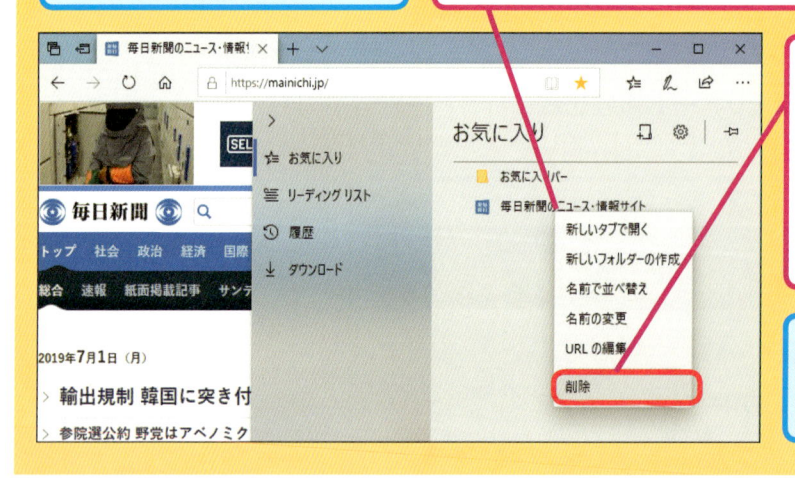

❷ 削除 に 🖱 を合わせ、そのまま、マウスをクリック🖱します

お気に入りが削除されます

第5章 インターネットを使ってみよう

② [お気に入り] に追加したWebページを表示します

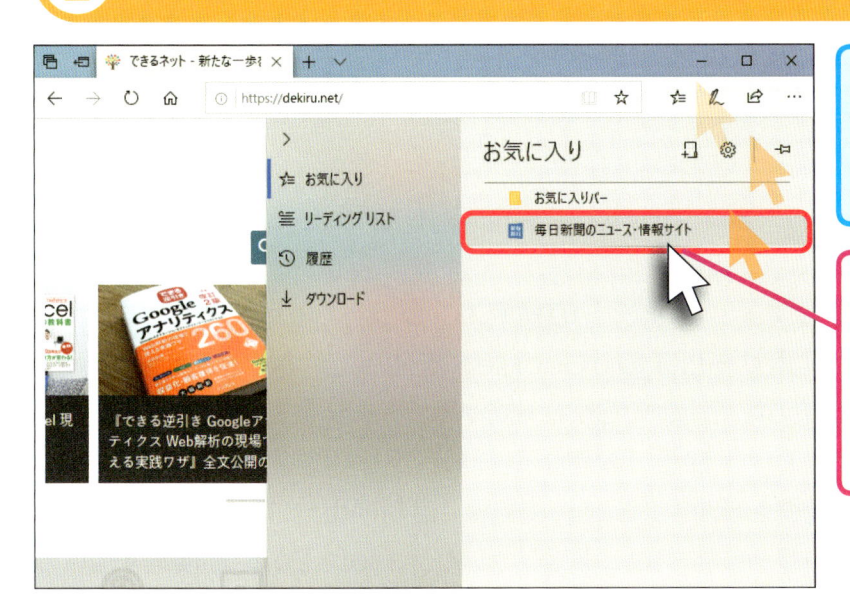

[お気に入り] の
画面が表示され
ました

ここに 🔾 を合わ
せ、そのまま、マウ
スをクリック🖱します

③ [お気に入り] に追加したWebページが表示されました

[お気に入り] に追
加した毎日新聞の
Webページが表示
されました

ヒント❗

ツールバーの [詳細] ボタン（ ⋯ ）をクリックし、[そ
の他のツール] をクリックして [スタート画面にピン留
めする] を選ぶと、表示しているWebページをスタート
画面にピン留めできます。

 終わり

Q Microsoft Edgeの検索サービスを変更するには

A [設定]で「Google検索」に変更できる

Microsoft Edgeではマイクロソフトの検索エンジン「Bing」の検索結果が表示されますが、検索サービスの「Google」を使って、検索するように設定できます。Microsoft EdgeでGoogleのWebページを表示し、ツールバーの［詳細］ボタン（…）から［設定］-［詳細設定］-［検索プロバイダーの変更］の順にクリックします。［Google検索（自動検出）］を選び、［既定として設定する］をクリックすれば、次回からMicrosoft Edgeで検索するとき、Googleの検索結果が表示されるようになります。

> 本文を参考に、Googleを既定の検索プロバイダーに設定しておきましょう

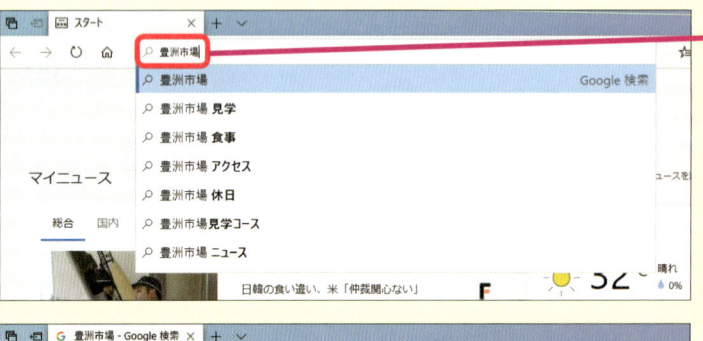

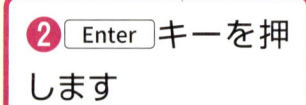

❶検索キーワードを入力します

❷ Enter キーを押します

Googleの検索結果が表示されます

Q 最初に表示されるWebページを変更するには

A 設定したいWebページを表示してから登録します

Microsoft Edgeを起動して、最初に表示されるWebページを「ホーム」と呼びます。ホームを変更するには、Microsoft Edgeのツールバーから［詳細］ボタン（ … ）を選び、［設定］をクリックし、［Microsoft Edgeの起動時に開くページ］の欄で、以下のようにWebページのURLを入力します。

メニューを表示しておきます

❶ 🔧 設定 に 🕹 を合わせ、そのまま、マウスをクリック 🖱 します

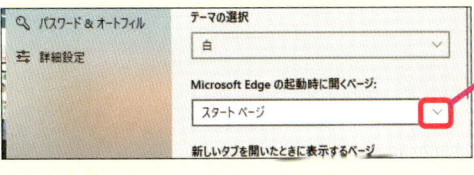

❷ ⌄ に 🕹 を合わせ、そのまま、マウスをクリック 🖱 します

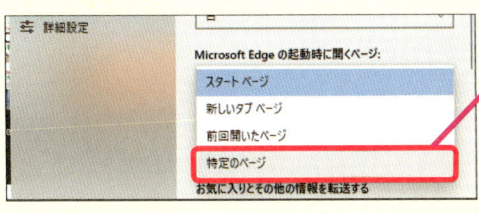

❸ ［特定のページ］に 🕹 を合わせ、そのまま、マウスをクリック 🖱 します

❹ Webページのアドレスを入力します

 **プログラムの実行やファイルの保存に関する
メッセージが表示されたときは**

A 信頼できるWebページなら実行を許可します

インターネットからファイルをダウンロードしたり、アプリをインストールしようとすると、「○○を実行または保存しますか?」や「次のプログラムにこのコンピューターへの変更を許可しますか?」というメッセージが表示されることがあります。そのWebページが信頼できるときは、[実行] ボタンや [保存] ボタン、[はい] ボタンをクリックします。信頼できないWebページでは、これらの操作をしない方が安全です。

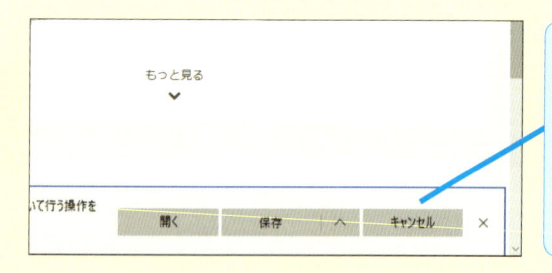

> ファイルのインストールやダウンロードを実行したときに、ファイルの実行や保存を確認するメッセージが表示されます

 **フィッシングサイトって何？**

A 金融機関や著名な企業のWebページに
似せた詐欺サイトです

インターネットでは金融機関などからのメールであることを装いながら、本物そっくりのニセモノのWebページに誘導し、IDやパスワードを盗み取ろうとする「フィッシングサイト」と呼ばれる詐欺ページが存在します。ウィンドウズのセキュリティ対策やMicrosoft Edgeのフィッシング詐欺対策機能も搭載されていますが、安全にインターネットを使うように心がけてください。

第5章 インターネットを使ってみよう

第6章

インターネットで情報を検索してみよう

インターネットには世界中の膨大な情報が公開されており、いつでも参照することができます。この章では検索ページを使い、気になることを検索したり、百科事典で情報を調べるといった使い方を説明します。紙で読み返したいページを印刷する方法についても解説します。

この章の内容

気になる情報を検索しよう

動画で見る

キーワード🔑 検索

インターネットにはさまざまな情報が公開されています。膨大な情報から自分が必要な情報を探すことができるのがアドレスバーです。気になる言葉を入力して、検索すると、関連するWebページを探してくれます。このほかにもインターネット上の検索サイトなどを利用して、情報を検索することもできます。

操作はこれだけ クリック 🖱 入力モードを切り替える 半角/全角 入力する

Microsoft Edgeのアドレスバーからすぐに検索できます

◆アドレスバー

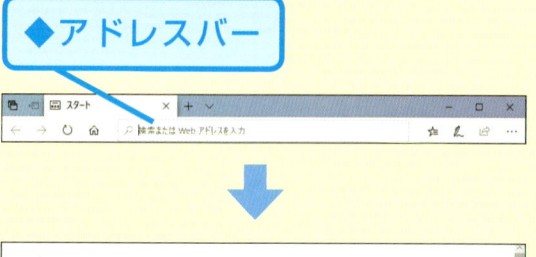

● 言葉の検索

Microsoft Edgeのアドレスバーをクリックして、URLを入力するところに検索したい言葉を入力します。そのまま、Enter キーを押すと、その言葉に関連するWebページが検索されます。

● 検索結果の表示

検索した結果はWebページのリンクと簡単な説明が一覧形式で表示されます。リンクをクリックして、Webページの内容を見てみましょう。

ヒント❗

いろいろな検索サイトを使って、情報を調べることができます。検索サイトごとに技術や方法が異なるため、検索結果も少しずつ違います。ほかの検索サイトも試してみましょう。

● グーグル Google
https://www.google.co.jp/

● ヤフー・ジャパン Yahoo! JAPAN
https://www.yahoo.co.jp/

Microsoft Edgeを
起動しておきます

❶アドレスバーに を合わせ、そのまま、
マウスをクリック します

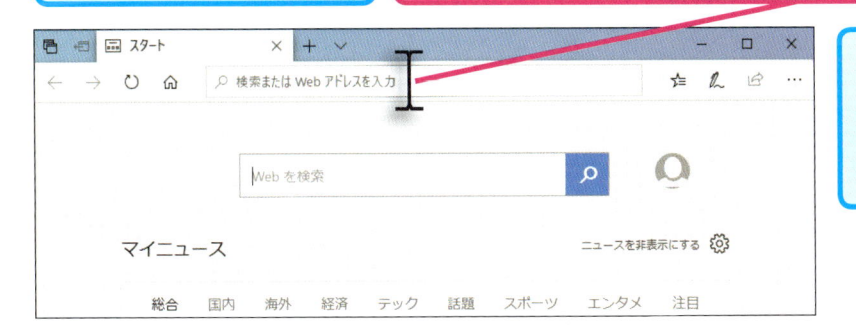

クリックするとき
に の形状が に変
わります

カーソル（｜）が表示され、文字が
入力できる状態になりました

❷ [半角/全角] キーを
押します

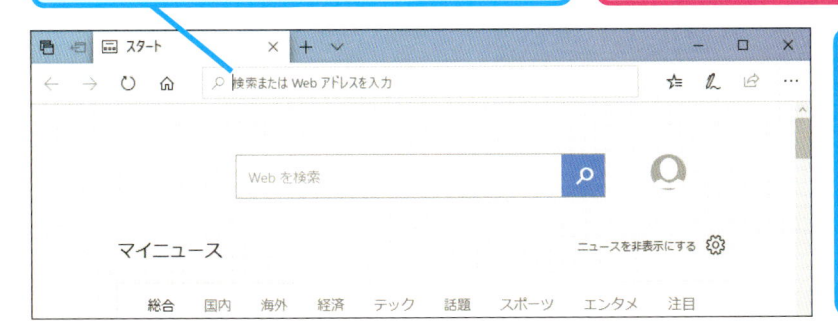

入力モードが［ひ
らがな］に切り替
わり、日本語が入
力できるようにな
りました

ヒント❗

アドレスバーをクリックして、文字を
入力できる状態にすると、頻繁に表示
しているWebページやよく検索されて
いる言葉の候補が表示されます。これ
らの候補をクリックして、Webページ
を検索することもできます。

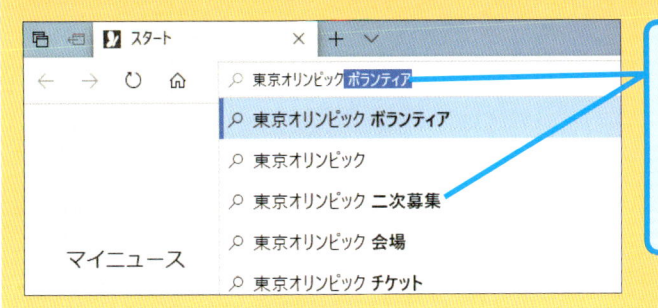

頻繁に表示している
Webページやよく検索
されている言葉の候補
が表示されます

次のページに続く▶▶▶

② 検索したい言葉を入力します

ここでは「豊洲市場」に関連する
Webページを検索します

❶「豊洲市場」と
入力します

❷そのまま、[Enter]キ
ーを押します

ここをクリック して、検索することもで
きます

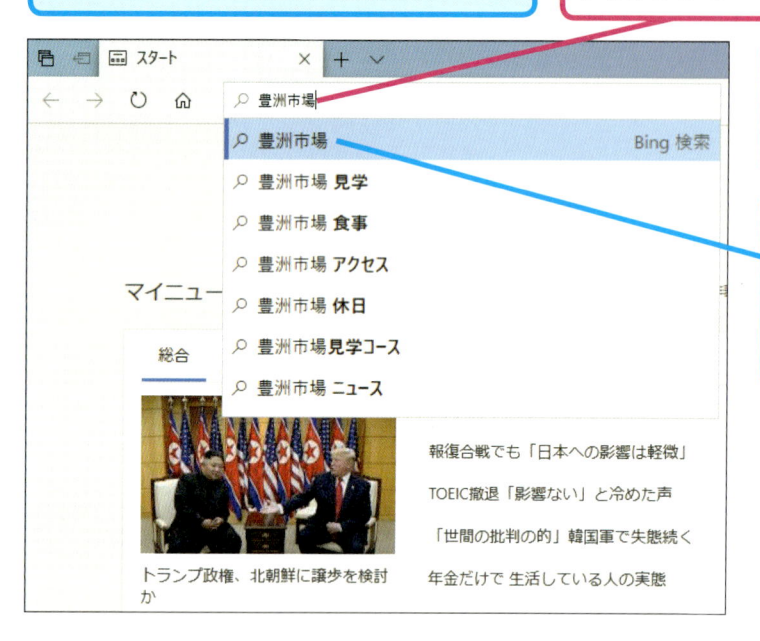

ヒント

検索したい言葉を入力しているとき、手順2のように、検索候補が表示されることがあります。これは入力した言葉に関連して、よく検索されている言葉が表示されます。この候補をクリックして、検索することもできます。

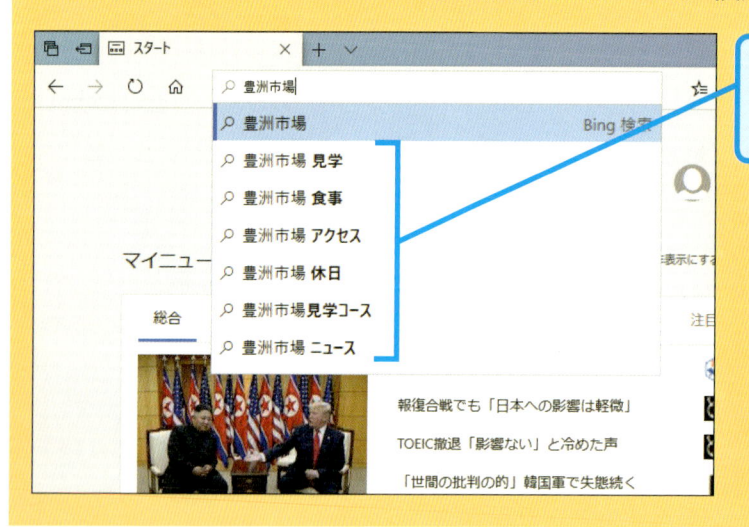

入力した言葉の検索
候補が表示されます

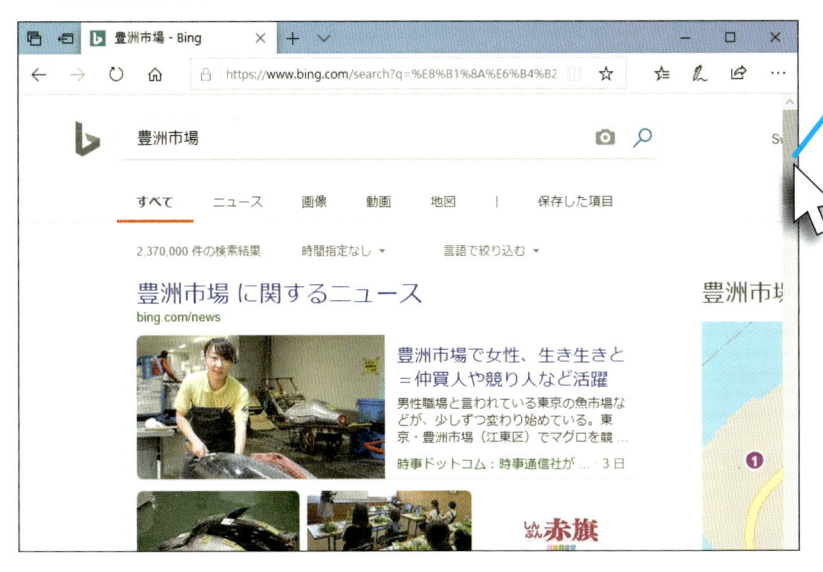

右端に〔カーソル〕を合わせ、スクロールバーを下方向にドラッグすれば、画面の隠れている部分を表示できます

ヒント

[スタート]ボタン横の検索ボックスで、Webページを検索できます。検索ボックスをクリックすると、入力可能な状態になるので、検索したい言葉を入力します。[ウェブ]をクリックすると、Webページが検索されます。

❶検索ボックスをクリックします

検索ボックスにカーソル（｜）が表示されました

❷「豊洲市場」と入力します

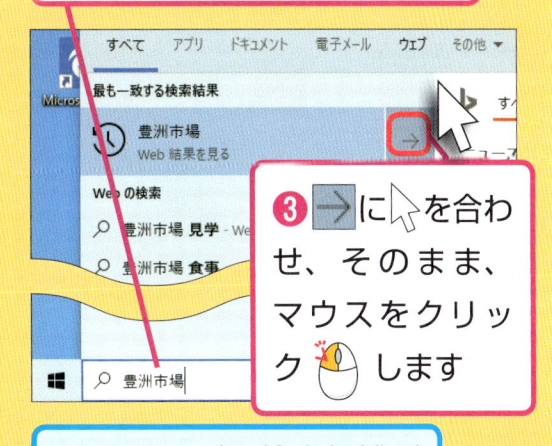

❸〔→〕に〔カーソル〕を合わせ、そのまま、マウスをクリックします

Webページの検索候補が表示されました

🏁 終わり

レッスン 36 名所の地図を表示しよう

キーワード Googleマップ

インターネットでは地図を見ることができます。Googleが提供する「Googleマップ」という地図サービスを使い、Googleの検索ページから名所の地図を検索してみましょう。名所や史跡などの名称を入力すれば、検索結果からその場所の地図が見られます。地図は拡大したり、縮小して、表示ができます。

操作はこれだけ　入力モードを切り替える 　クリック　入力する

「Googleマップ」で地図を表示できます

Googleマップの地図は、拡大表示や縮小表示、表示位置の移動ができます

● 名所の検索

Googleの検索ページで名所の名前を入力して、検索をしてみます。ここでは「豊洲市場」を検索します。

● 地図の表示

検索した結果から［地図（Googleマップ）］を選び、豊洲市場の地図を表示します。

ヒント

このレッスンで検索に利用したGoogleは、世界でもっとも広く利用されている検索サイトのひとつです。地図やメール、ニュース、動画などのサービスも提供しています。

① GoogleのWebページを表示します

Google のアドレス
https://www.google.co.jp/

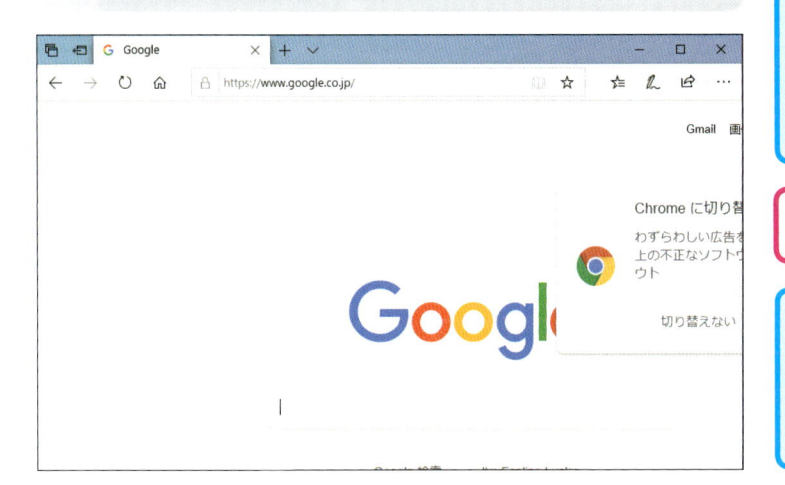

レッスン㉚（138ページ）を参考に、Googleのアドレスを入力し、Webページを表示しておきます

半角/全角 キーを押します

入力モードが［ひらがな］に切り替わり、**あ** が表示されました

② 検索したい言葉を入力します

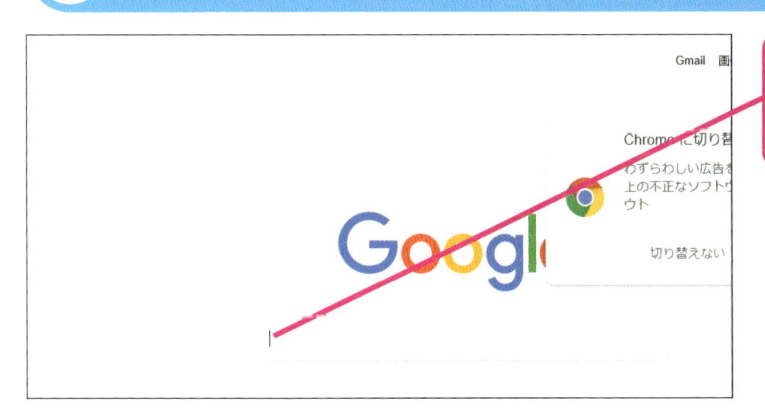

❶ここに「豊洲市場」と入力します

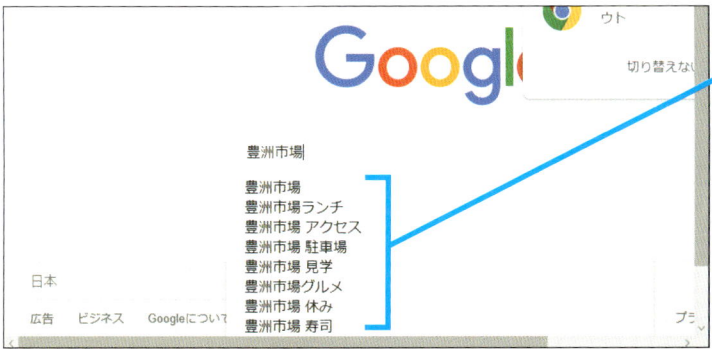

関連する検索候補が表示されました

❷ Enter キーを押します

次のページに続く▶▶▶

③ Googleマップの地図を表示します

検索結果が表示されました

🗺️地図 に 🖱️ を合わせ、そのまま、マウスをクリック 🖱️ します

ヒント❗

Googleマップのウェブページを表示し、「豊洲市場」のように入力して、検索することもできます。

●Googleマップ
https://maps.google.co.jp/

④ Googleマップの地図が表示されました

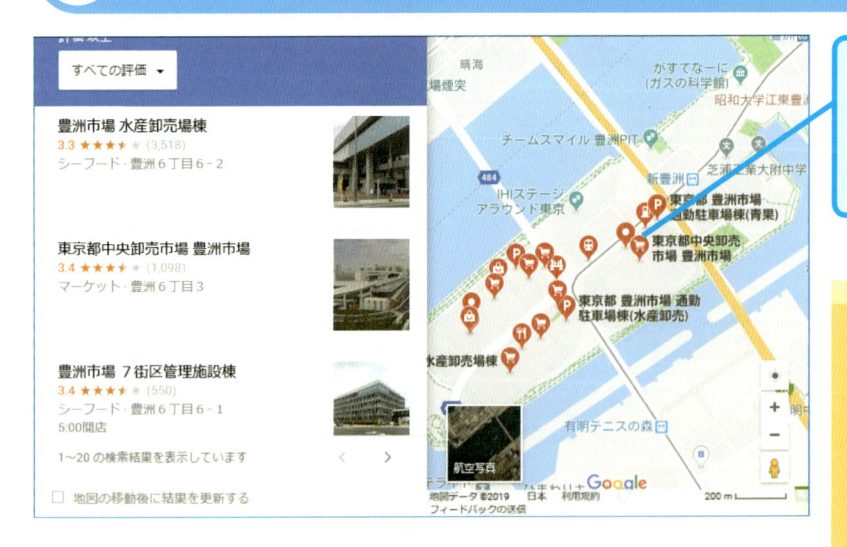

該当する場所が地図の中心に表示されました

ヒント❗

検索結果が多く、目的のWebページが見つからないときは、複数の言葉を空白で区切って、検索してみましょう。

⑤ 地図の表示を拡大します

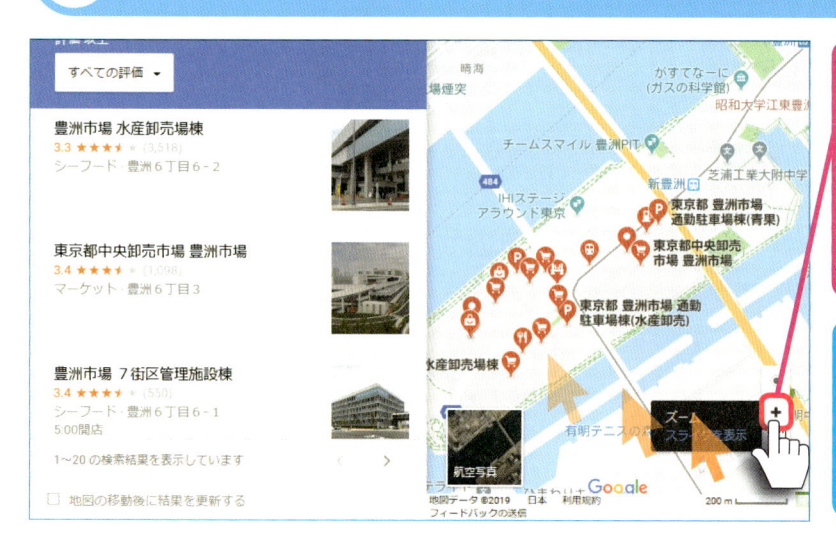

地図右下の ➕ に 🐭 を合わせ、そのまま、マウスをクリック 🐭 します

➖ をクリック 🐭 すると、地図の表示が縮小されます

⑥ 地図が拡大されました

地図上でドラッグ 🐭 すると、地図の表示位置をそれぞれ上下左右に移動できます

ヒント💡

目的地によっては、地図に 📍 が表示されます。地図上の 📍 か、目的地の名前をクリックすると、関連情報が表示されます。

ヒント💡

地図の拡大と縮小は、地図に 🐭 を合わせ、マウスの左右のボタンのダブルクリックでも操作できます。

 終わり

インターネットの百科事典で調べよう

キーワード ウィキペディア

インターネットでは百科事典のサービスが提供されていて、さまざまな事柄について、詳しい情報を調べることができます。ここでは「Wikipedia」という百科事典のサービスを利用し、「豊洲市場」について、調べてみましょう。検索結果のWebページから関連する言葉の内容を調べることもできます。

操作はこれだけ 合わせる  クリック 入力する

百科事典サービス「ウィキペディア」を使ってみましょう

インターネットに公開されている百科事典のサービスで、言葉の意味を検索できます

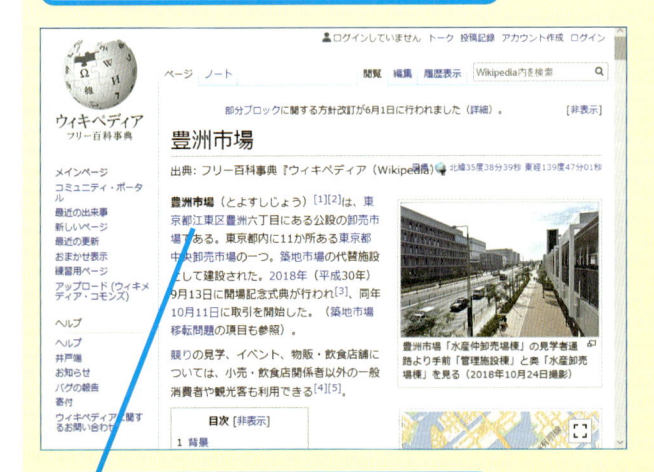

リンクをクリック して、関連する言葉を調べられます

● **百科事典サービスでの検索**

百科事典サービスの「ウィキペディア」のWebページを表示して、「豊洲市場」について、調べます。検索して、該当する項目が見つかると、内容を掲載したWebページが表示されます。

ヒント

ウィキペディアは世界中のユーザーによって、自由に編集されている百科事典サービスです。誰でも無料で利用でき、収録内容は多岐にわたっています。ただし、専門家が編集していない項目などでは、必ずしも情報が正確ではないことがあります。

① ウィキペディアのWebページを表示します

ウィキペディアのアドレス
https://ja.wikipedia.org/

レッスン㉚（138ページ）を参考に、ウィキペディアのアドレスを入力し、Webページを表示しておきます

② 検索する文字を入力できる状態にします

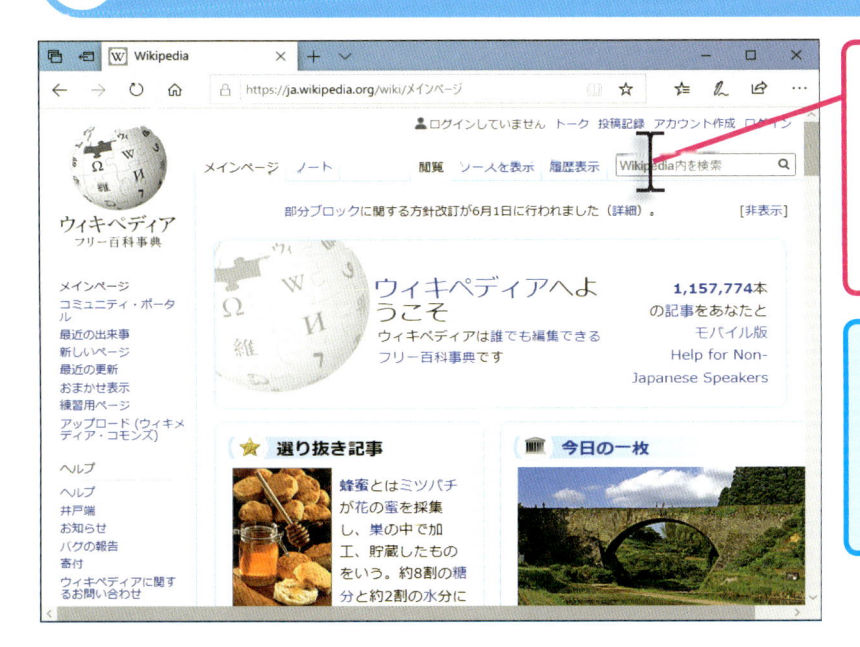

ここに ▷ を合わせ、そのまま、マウスをクリックします

カーソル（｜）が表示され、文字を入力できる状態になります

次のページに続く ▶▶▶

③ 検索したい言葉を入力します

入力モードを［ひらがな］に切り替えておきます

❶「豊洲市場」と入力します

❷ 🔍 に ▷ を合わせ、そのまま、マウスをクリックします

④ 検索結果が表示されました

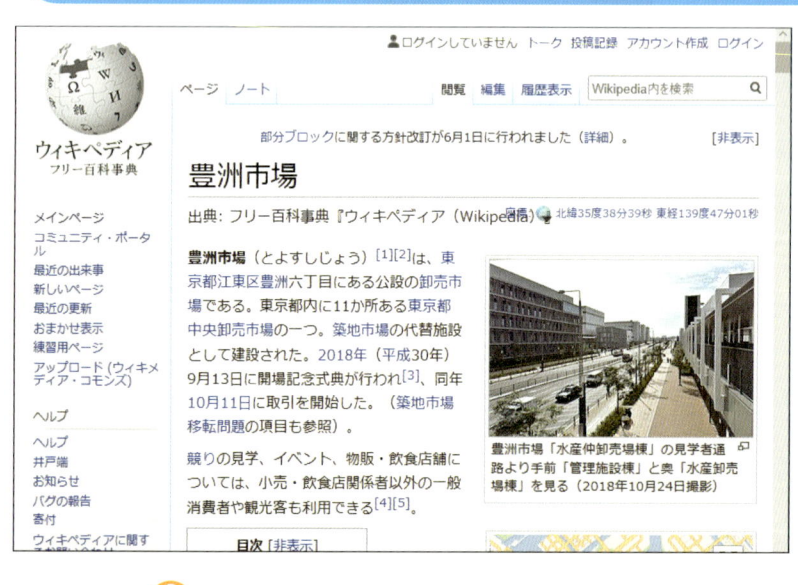

「豊洲市場」に関する記事のWebページが表示されました

ヒント💡

表示したWebページの説明には、リンクが設定されていることがあります。　リンクをクリックすると、関連する言葉の情報を調べることができます。

ヒント❗

Webページを見ていて、そのWebページに掲載されている文章から特定の言葉を探したいときは、以下のように操作をします。〈と〉をクリックすれば、同じWebページ内で見つかったほかの場所を表示できます。

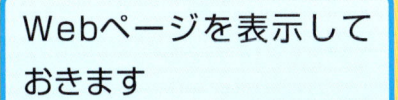

Webページを表示しておきます

❶ … に🖱を合わせ、そのまま、マウスをクリック🖱します

❷ 🔍ページ内の検索 に🖱を合わせ、そのまま、マウスをクリック🖱します

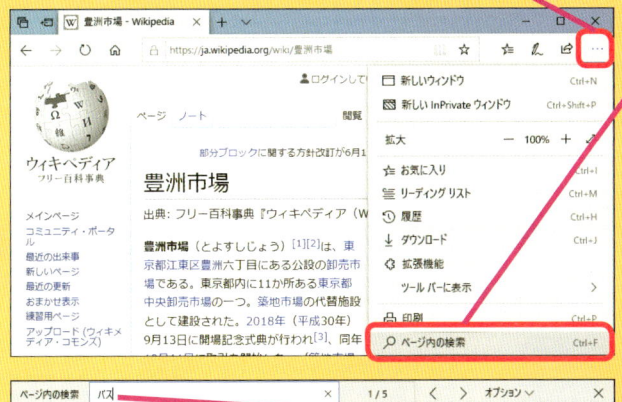

❸検索したい言葉を入力します

Webページにある言葉が青色や黄色に反転しました

〉をクリック🖱すると、該当する言葉にジャンプします

Webページ内の検索を終了するには✕をクリック🖱します

終わり

Webページを 印刷してみよう

Microsoft Edgeで表示しているWebページは、プリンターを使って、印刷することができます。印刷をしておけば、パソコンのないところでも内容を確認で　き、友だちや知人にWebページの内容を見せることもできます。印刷をはじめる前に、用紙にどのように印刷されるのかを画面で確認することができます。

操作はこれだけ 合わせる  クリック

印刷イメージを画面で確認してから印刷しましょう

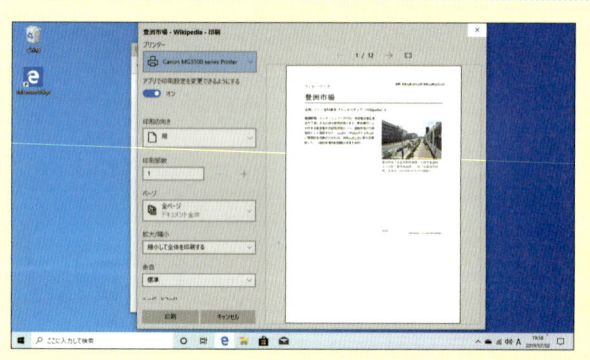

● 印刷イメージの確認

印刷をはじめる前に、印刷するプリンターを選ぶと、印刷したときのイメージが画面に表示されます。

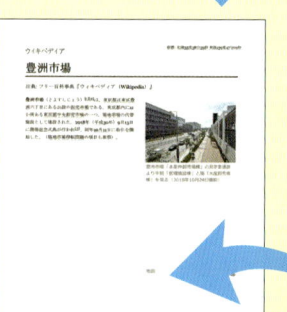

印刷結果を画面で確認してから印刷を実行します

● 印刷の実行

あらかじめプリンターを動作させるためのソフトウェアなどをインストールして、パソコンとプリンターを接続しておきます。印刷したときのイメージが画面で確認できたら、用紙をセットして、印刷を実行します。

① [印刷] の画面を表示します

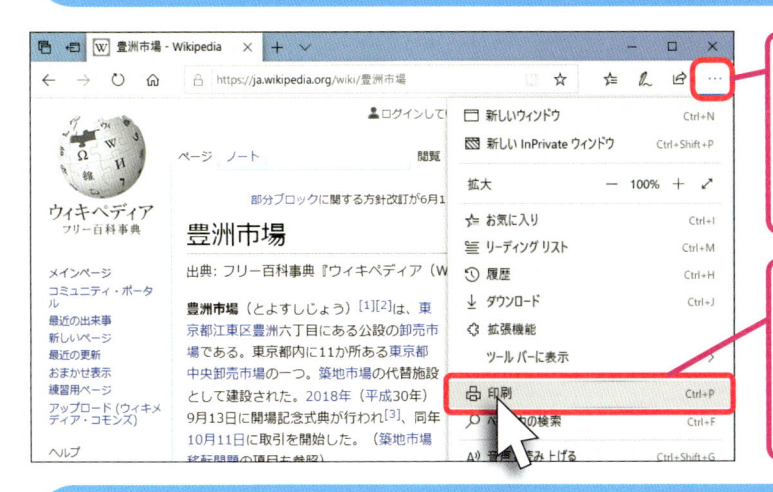

❶ … に ↖ を合わせ、そのまま、マウスをクリック 🖱 します

❷ 🖶 印刷 に ↖ を合わせ、そのまま、マウスをクリック 🖱 します

② プリンターを選択します

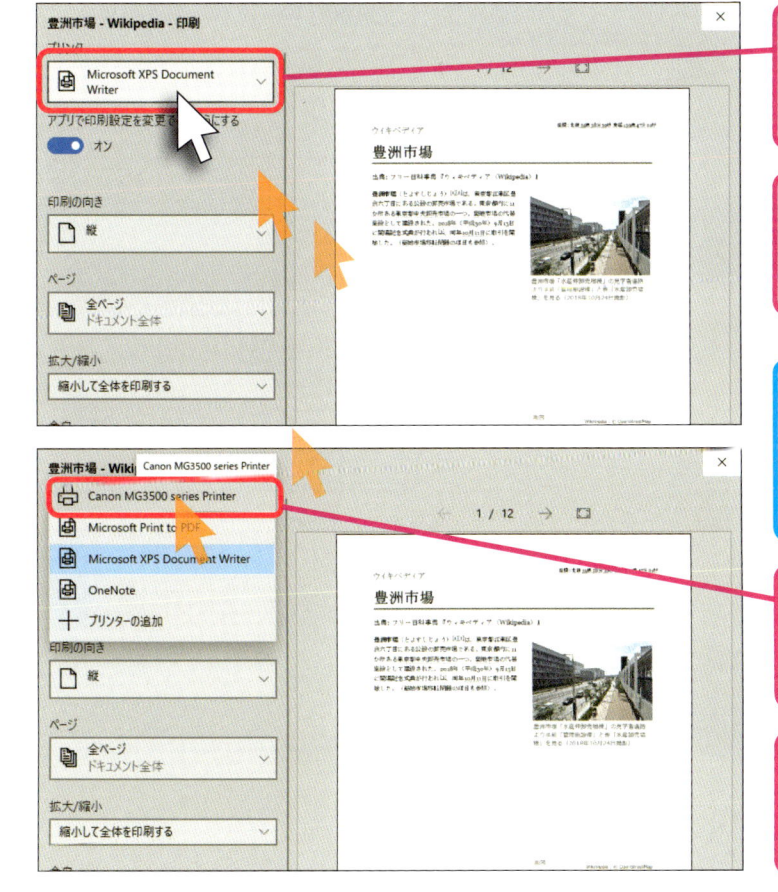

❶  に ↖ を合わせます

❷ そのまま、マウスをクリック 🖱 します

接続しているプリンターによって、表示が異なります

❸ 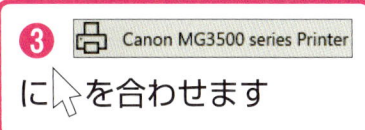 に ↖ を合わせます

❹ そのまま、マウスをクリック 🖱 します

次のページに続く ▶▶▶

③ 設定を確認して印刷を実行します

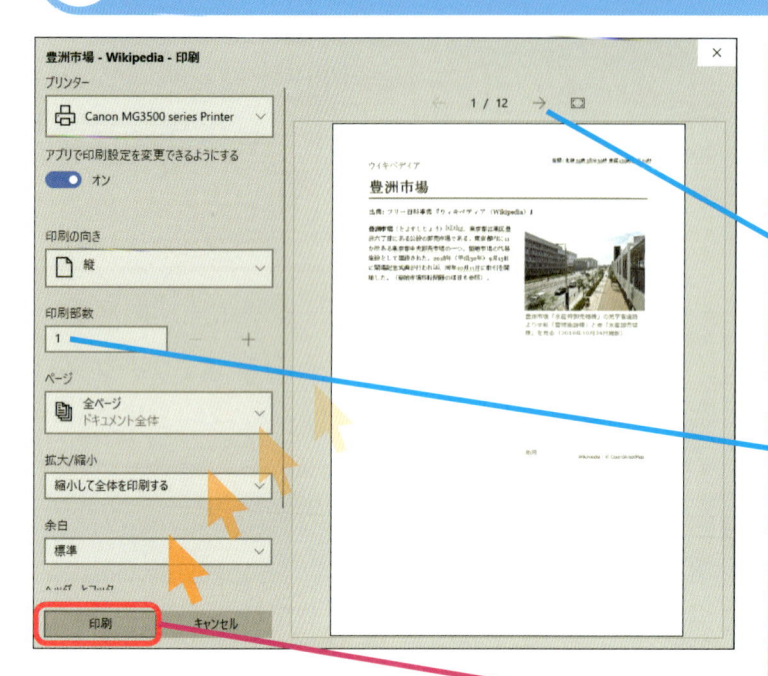

印刷結果が画面に表示されました

→ をクリック 🖱️ すると、次のページを表示できます

ここで印刷する部数を指定できます

印刷 に ↖ を合わせ、そのまま、マウスをクリック 🖱️ します

④ Webページが印刷されました

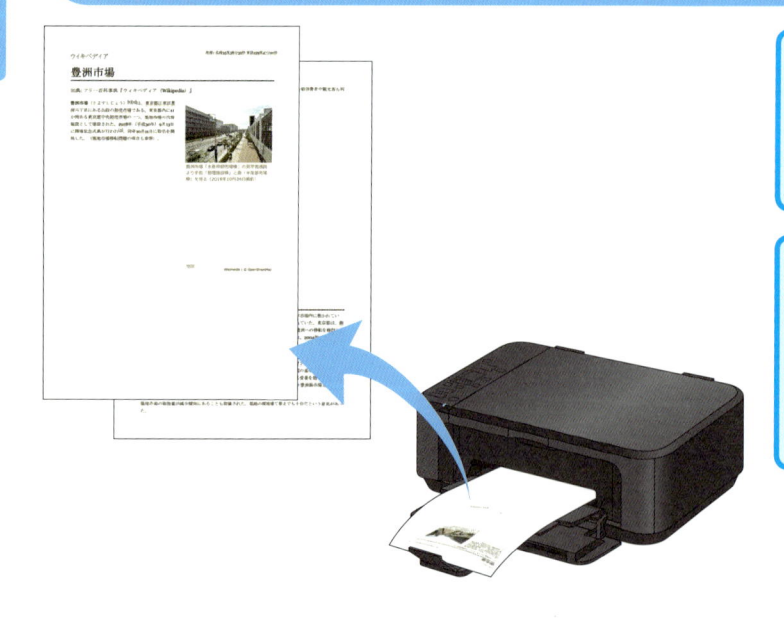

「豊洲市場」に関する記事のWebページが印刷されました

レッスン⓫（56ページ）を参考に、Microsoft Edgeを終了しておきましょう

ヒント

手順3の画面で［その他の設定］をクリックすると、［ページレイアウト］の画面が表示されます。用紙の方向や用紙サイズ、カラー印刷などを設定できます。設定ができたら、［OK］ボタンをクリックして、戻ります。この画面に表示される項目は、印刷するプリンターによって、異なります。

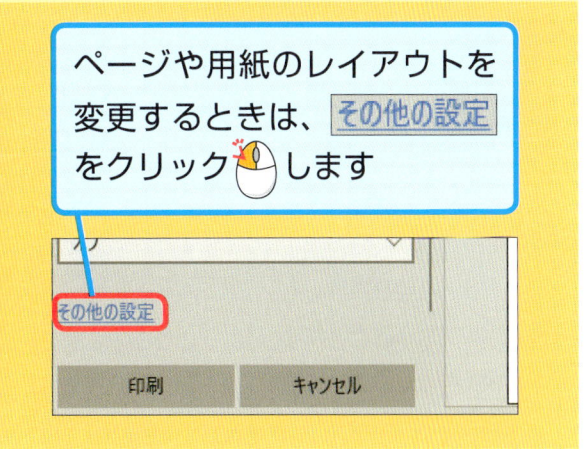

ページや用紙のレイアウトを変更するときは、その他の設定 をクリック します

ヒント

印刷するページについて、サイズなどを変更したいときは、以下のように、印刷前のプレビュー画面で［ページ］や［拡大/縮小］、［余白］をクリックして、項目を選びます。［拡大/縮小］で［縮小して全体を印刷する］を選ぶと、Webページ全体を縮小して、用紙の横幅に合わせて印刷することができます。

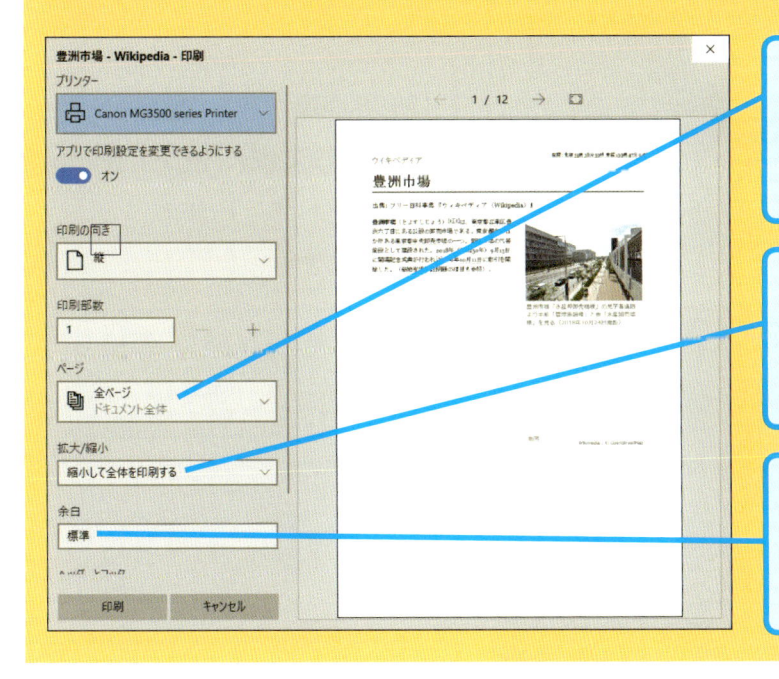

［ページ］で印刷するページを指定できます

［拡大/縮小］で印刷するサイズを変更できます

［余白］で余白のサイズを変更できます

終わり

Q 世界の史跡や名所の航空写真を見るには

A Googleマップで表示を
航空写真に切り替えましょう

レッスン❸で説明した「Googleマップ」は通常の地図だけでなく、表示を航空写真に切り替えることができます。航空写真はリアルタイムのものではありませんが、ここ数年に撮影された写真が使われています。日本だけでなく、世界各国の名所などの航空写真も見ることができます。

インターネットで情報を検索してみよう

第6章

レッスン❸（160ページ）を参考に、「豊洲市場」の周辺地図を表示しておきます

［航空写真］に⬆を合わせ、そのまま、マウスをクリックします

地図の表示が航空写真に変更されました

表示を元に戻すには［地図］をクリックします

今のWebページを表示したまま 新しいWebページを表示したい

A アドレスバーの［新しいタブ］ボタン（＋）を クリックしましょう

現在表示しているWebページを閉じずに、新しいWebページを表示したいときは、アドレスバーの上に表示されている［新しいタブ］ボタン（＋）をクリックし、新しいタブを開きます。URLを入力したり、お気に入りから選べば、新しいWebページが表示できます。それぞれのWebページはタブをクリックして、いつでも切り替えて表示できます。

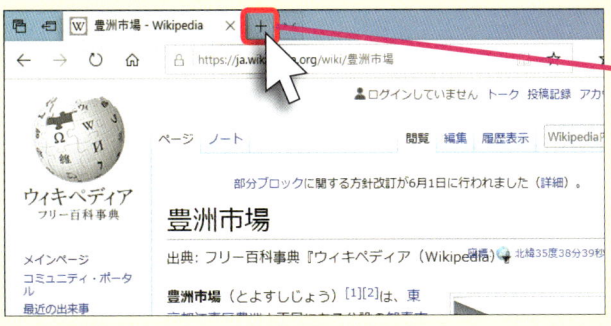

＋に ▷ を合わせ、そのまま、マウスをクリックします

新しいタブに空白のWebページが表示されました

URLを入力するか、レッスン34（150ページ）を参考に、☆≡をクリックして、お気に入りのページを表示します

Q インターネットで買い物をするには

A ショッピングサイトなどでは 商品の写真や説明を見ながら買い物ができます

インターネットでは買い物ができます。ショッピングサイトでは、Webページに商品の写真や説明が掲載されていて、それらを見ながら、商品を選ぶことができます。気に入った商品があれば、Webページから注文もできます。支払いは銀行振り込み、クレジットカード、代金引換などを選ぶことができ、商品は宅配便や郵送などで送られてきます。基本的には24時間、いつでも自由に買い物できます。

> 楽天市場のアドレス
> https://www.rakuten.co.jp/

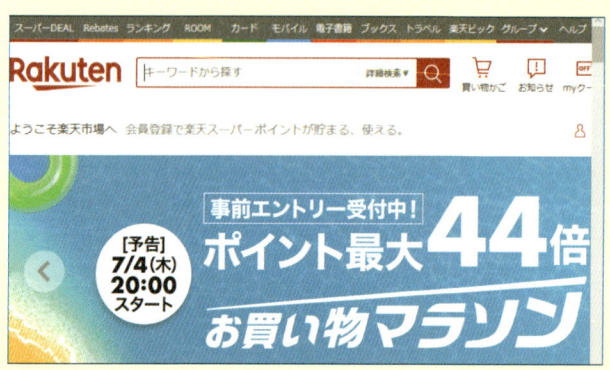

> ここでは楽天市場のアドレスを入力して、楽天市場のWebページを表示しておきます

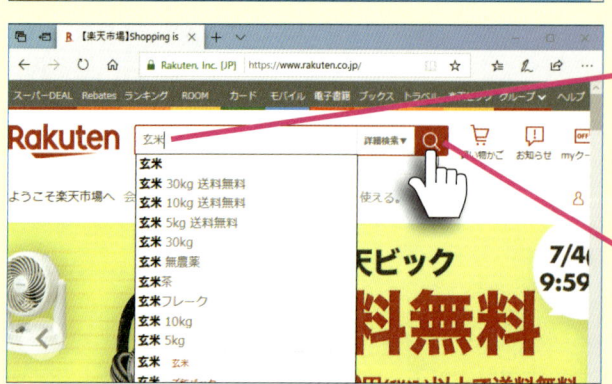

> ❶ここでは「玄米」と入力します

> ❷ 🔍 に 🖑 を合わせ、そのまま、マウスをクリック 🖱 します

第7章

メールを使ってみよう

インターネットでは「メール」が利用できます。メールは電子的な手紙や郵便に相当するもので、世界中のインターネットを利用している人たちとメッセージのやりとりができます。この章ではメールの設定から送受信、返信などについて、解説します。

この章の内容

メールをはじめよう

メールはインターネットを使い、世界中の人たちとメッセージのやりとりができるサービスです。インターネットに接続されたパソコンや携帯電話、スマートフォンなどとの間で、電子的な「手紙」をやりとりします。メールといっしょに写真などを送ることもできます。メールの使い方を確認してみましょう。

メールを便利に使いましょう

●離れた相手とのやりとりも簡単

メールは離れたところにいる人と簡単にメッセージのやりとりができます。電話などと違い、いつでも送信することができ、メールを送った相手も都合のいいタイミングで読むことができます。メールはパソコン同士だけでなく、携帯電話やスマートフォンなどともやりとりができます。文字によるメッセージといっしょに、写真などのデータも送ることができます。

メールには2つの種類があります

●2つのメールの使い方

パソコンで使うメールには、大きく分けて、2つの種類があります。ひとつは従来型のメールで、パソコンのメールソフトを使い、プロバイダーのメールサーバーから送受信します。もうひとつは「Webメール」と呼ばれる新しい方法で、ブラウザーやメールアプリを使い、インターネット上のWebメールサービスを参照し、オンラインで送受信したメールを管理します。

●従来型のメール

◆プロバイダーの
メールサーバー

パソコンにインストールしたメールソフトでメールを管理します

●Webメールサービス

◆インターネット上の Web メールサービス

インターネット上にあるメールをオンラインで管理します

次のページに続く▶▶▶

Webメールは便利に使える

●いつでもどこからでも使える「Webメール」

パソコンでは従来型のメールとWebメールが利用できますが、現在はWebメールが主流です。従来型のメールはパソコンのメールソフトを使うため、基本的に自分のパソコンがなければ、送受信したメールが確認できません。Webメールはインターネット上のWebメールサービスで送受信するメールを管理しているため、パソコンのメールアプリやWebブラウザーなどでメールが利用できます。パソコンだけでなく、スマートフォンやタブレットなどでも利用できるため、外出先や旅行先などでもメールを使うことができます。メールの保存容量を気にしなくて済むこともWebメールのメリットです。

さまざまな端末でメールを表示できます

ヒント💡

インターネットのWebメールのサービスは、ウィンドウズが動作するパソコンだけでなく、スマートフォンやほかの機器からも送受信したメールを確認できます。スマートフォンではブラウザーを起動して、Webメールのページを表示しますが、専用のアプリが提供されているWebメールもあります。本書で説明している「Outlook.com」は、AndroidスマートフォンやiPhone、iPad向けのアプリを提供していて、無料で利用することができます。

● さまざまなWebメールサービス

インターネットではさまざまなWebメールのサービスが提供されていますが、本書ではマイクロソフトが提供している「Outlook.com」を利用します。また、スマートフォンなどでも利用できるWebメールとして、Googleが提供する「Gmail」も広く使われています。プロバイダーのメールサービスがWebメールに対応していることもあります。

レッスン❹〜❷で
Outlook.comの
メールの使い方を
解説します

ヒント

Webメールではこれまでに送受信したメールを検索することができます。たとえば、以前に友だちがメールで教えてくれたレストランの情報を検索したり、旅先から送られてきた写真付きのメールを探したりできます。送受信した日付の範囲を指定して、検索結果を絞り込むこともできます。

検索の条件を細かく
設定して、検索でき
ます

終わり

メールの画面を表示しよう

キーワード🔑 Outlook.com

動画で
見る ▶

[スタート]メニューから[メール]アプリを起動して、Outlook.comを表示してみましょう。メールの画面が表示され、受信トレイの一覧から見たいメールをク

リックすれば、メールの内容が表示されます。受信トレイに表示されているメールの内、未読メールは件名が青、既読メールは件名が灰色で表示されます。

操作は
これだけ　　合わせる 　　クリック

[メール] アプリでOutlook.comを表示できます

メールを使ってみよう

第7章

◆[受信トレイ]
受信したメールは［受信トレイ］フォルダーに表示されます

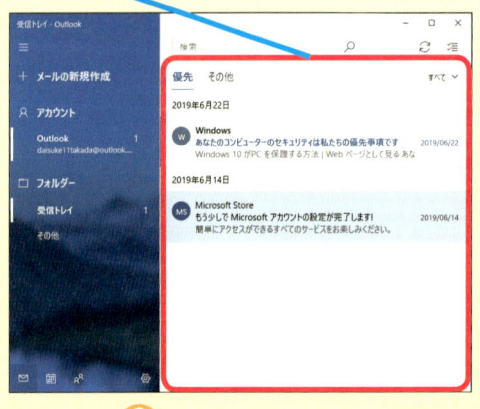

● Outlook.comを表示

[メール] アプリを起動すると、ウィンドウズのサインインに利用しているMicrosoftアカウントのメールが表示されます。[受信トレイ] のフォルダーには、すでに受信したメールが表示されています。

ヒント💡

インターネットに接続されていれば、メールは自動的に受信されるため、[メール] アプリを起動するだけで、届いているメールが一覧で表示されます。

[メール] アプリの [このビューを同期] ボタン（🔄） をクリックすると、Webメールが最新の状態に更新され、新着メールが受信トレイに表示されます。

① [メール] アプリを起動します

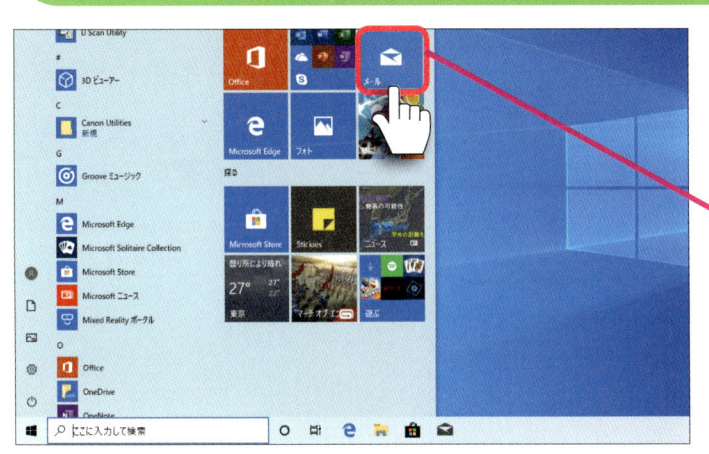

[スタート] メニューを表示しておきます

❶ [メール] に🖐を合わせ、そのまま、マウスをクリック🖱します

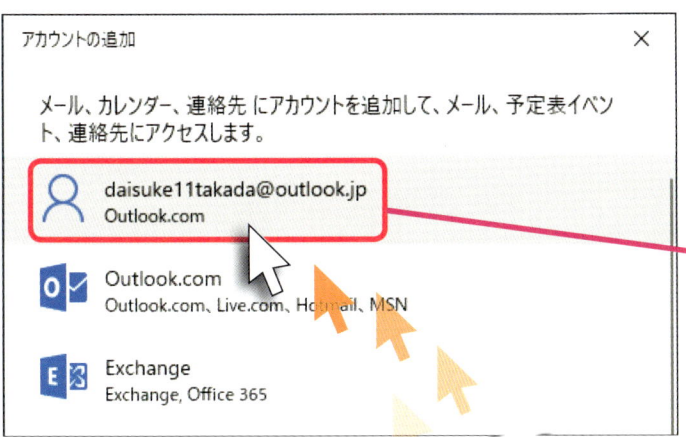

[アカウントの追加] の画面が表示されました

❷自分のMicrosoftアカウントに🖱を合わせ、そのまま、マウスをクリック🖱します

② 初期設定を実行します

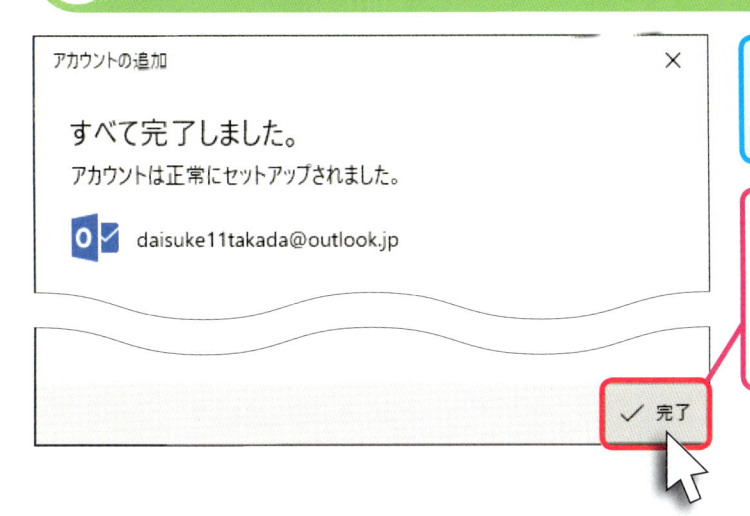

アカウントが追加されました

✓ 完了 に🖱を合わせ、そのまま、マウスをクリック🖱します

次のページに続く▶▶▶

③ 未読のメールを表示します

受信トレイが表示されました

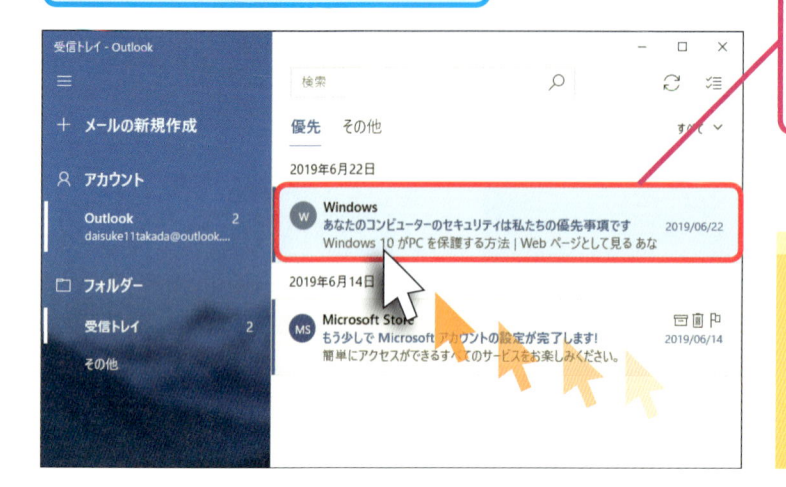

未読のメールに ▷ を合わせ、そのまま、マウスをクリック 🖱 します

ヒント❗

受信トレイには［優先］と［その他］の2種類があります。両方のメールを確認してみましょう。

④ 未読のメールが表示されました

メールの内容が表示されました

◁ に ▷ を合わせ、そのまま、マウスをクリック 🖱 します

受信トレイが表示されました

ヒント❗

受信したメールの一覧では、未読のメールは件名が青、既読のメールは件名が灰色で表示されます。

ヒント

Outlook.comはウィンドウズのスタート画面に登録されている［メール］のアプリで利用できますが、Microsoft Edgeなどのブラウザーで表示することができます。Microsoft EdgeでOutlook.comを表示すると、受信したメールフォルダーに振り分けたり、整理することができます。

● Webブラウザーでメールを見る

Outlook.com のアドレス
https://www.outlook.com/

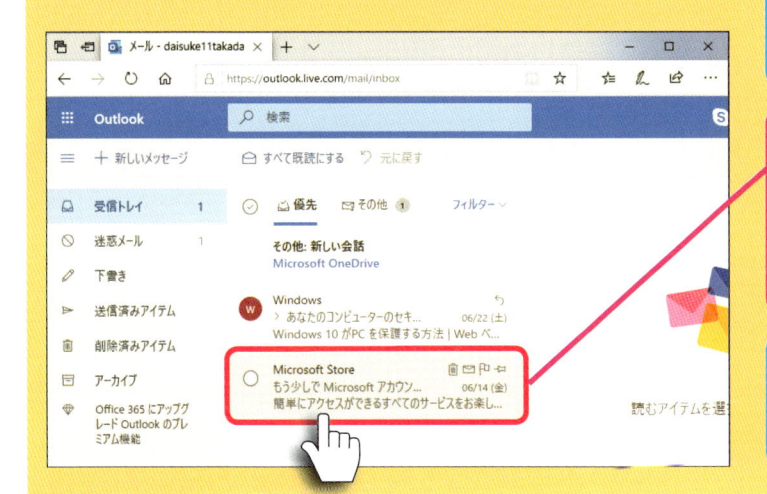

Microsoft EdgeでOutlook.comのWebページを表示しておきます

メールに を合わせ、そのまま、マウスをクリック します

メールの内容が表示されます

ヒント

［メール］アプリは表示しているウィンドウの大きさによって、表示内容が変化します。たとえば、手順3ではフォルダー一覧と受信トレイのメール一覧が表示されていますが、より大きなウィンドウで表示すると、さらに右側に選択した受信メールの内容が表示されます。

ウィンドウを大きくすると、メールの一覧と本文をいっしょに表示できます

 終わり

41 メールを送信しよう

キーワード メールの作成、送信

メールを使う準備ができたら、メールを作成して、送信してみましょう。はじめてのメールは正しく送信できることを確認するため、自分宛てに送信します。

メールには宛先、件名、本文を入力しますが、宛先のメールアドレスは手紙の住所と名前に相当するものなので、間違えないように確実に入力しましょう。

操作はこれだけ　　合わせる　　クリック　　入力する

［メールの新規作成］ボタンをクリックして、メールを作成します

＋ メールの新規作成 をクリックして、
メールを作成する画面を表示します

● メールの作成

［メールの新規作成］ボタンをクリックすると、メールを作成する画面が表示されます。宛先や件名、本文を入力して、メールを作成します。［送信］ボタンをクリックすると、メールが送信されます。

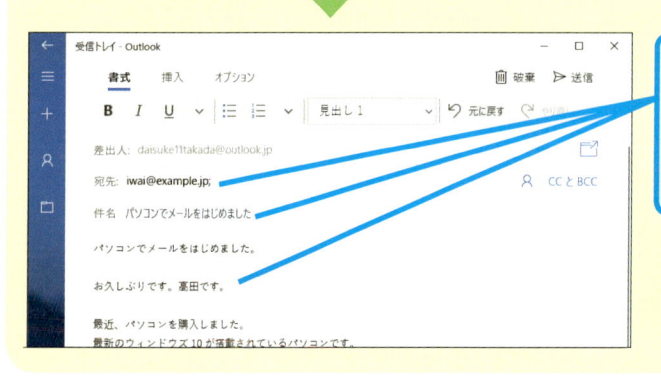

宛先、件名、メールの本文を入力してメールを送信します

① メールの作成画面を表示します

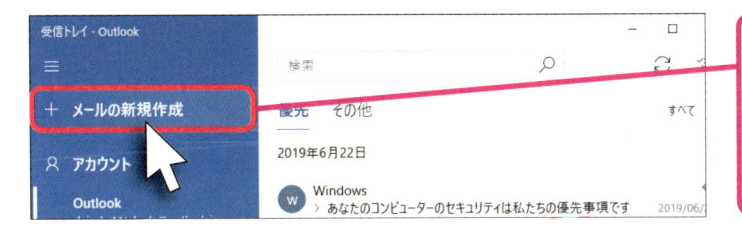

＋ メールの新規作成 に を合わせ、そのまま、マウスをクリック します

② 宛先を入力します

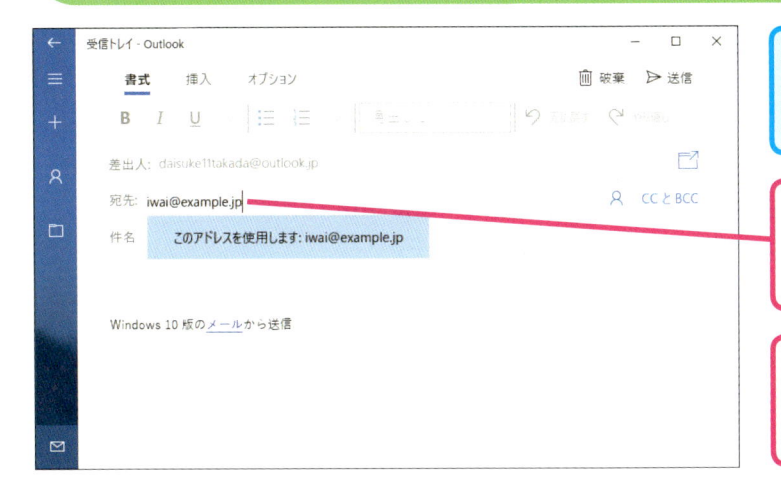

メールの作成画面が表示されました

❶ 送信先のメールアドレスを入力します

❷ そのまま、 Enter キーを押します

ヒント

[宛先] の相手だけでなく、ほかの人にもメールを読んでおいて欲しいときは、[CC:] にその相手のメールアドレスを入力します。[CC:] は「Carhon Copy」の略で、メールの写しを送るという意味を持ちます。[CC:] に入力したメールアドレスは [宛先] の人にも表示されます。

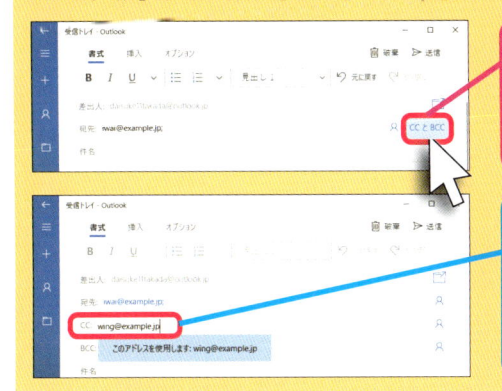

CC と BCC に を合わせ、そのまま、マウスをクリック します

[CC:] にメールアドレスを入力すると、同じメールを複数の人に一斉送信できます

次のページに続く ▶▶▶

③ 件名を入力します

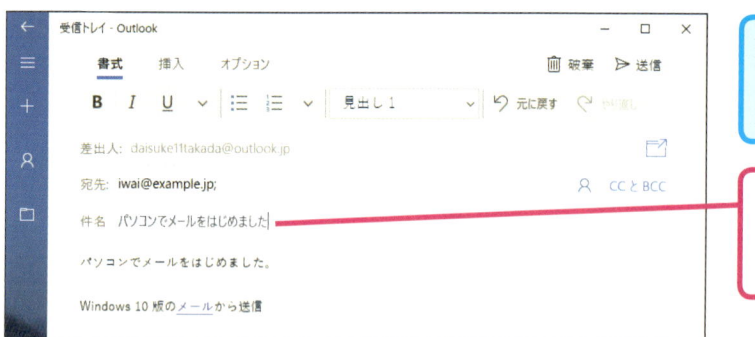

送信先のメールアドレスが入力されました

メールの件名を入力します

ヒント❗

携帯電話会社のメールは受信できるメールのサイズを制限していたり、相手が迷惑メール対策のため、インターネットメールの受信を受け付けていないことがあります。相手に確認してから、メールを送信しましょう。

④ メールの本文を入力します

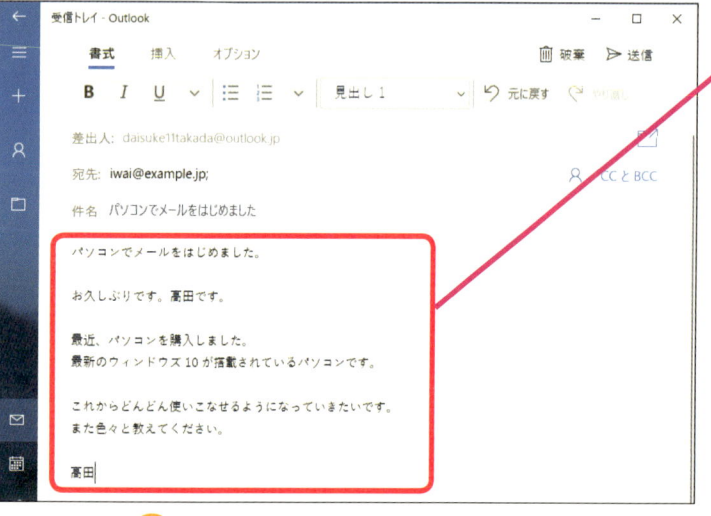

メールの本文を入力します

ヒント❗

標準の設定ではメール本文の最後に「Windows 10版のメールから送信」という署名が付加されますが、これを書き換え、差出人の名前などを書いておきましょう。メールは郵便などと違い、メールアドレスでやりとりするため、メールアドレスだけでは、誰から来たメールなのかがわからないからです。

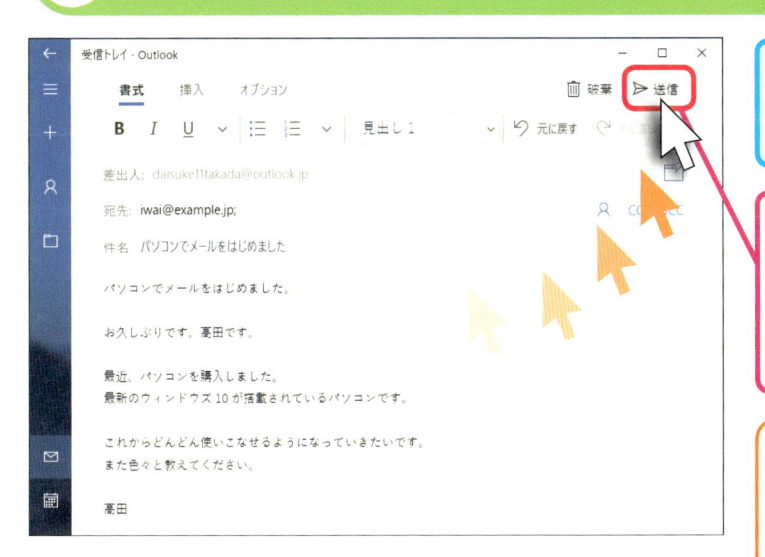

メールを送信する準備が完了しました

送信 に 🖱 を合わせ、そのまま、マウスをクリックします

注　意

メールの送信は、途中で取り消すことができません。送信する前に、必ず内容を確認しましょう

ヒント

作成中のメールの内容は、［下書き］フォルダーに保存されます。メールの作成を途中でやめてしまったときは、以下を参考に、［下書き］をクリックし、書きかけのメールを選ぶと、再びメールの作成画面が表示されます。

下書き をクリックします

保存された下書きのメールが表示されました

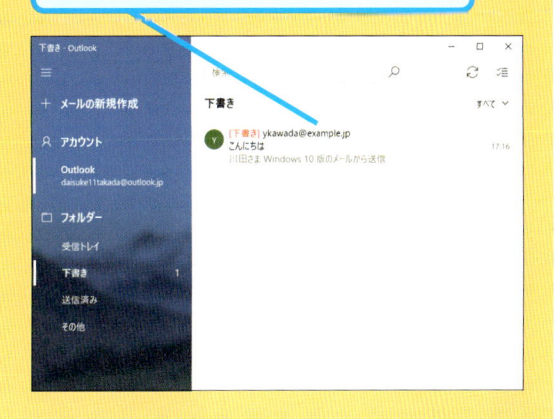

 終わり

受信したメールに返信しよう

受信したメールを選び、[返信] ボタンをクリックすると、そのメールに返信することができます。返信メールの宛先には受信メールの送信者のメールアドレスが自動的に入力され、件名には返信を表わす「RE:」が先頭に付けられます。本文には受信メールが引用されるので、内容に合った返事を書いてみましょう。

操作はこれだけ　合わせる 　クリック 　入力する

受信したメールを選び、[返信] をクリックします

🔙 返信 をクリックします

● メールの返信

受信したメールを選び、[返信] をクリックすると、そのメールに対する返信を作成できます。宛先や件名が自動的に入力されるので、後は通常のメールを作成するときと同じように、本文を入力します。メールが完成し、[送信] ボタンをクリックすると、相手にメールが送信されます。

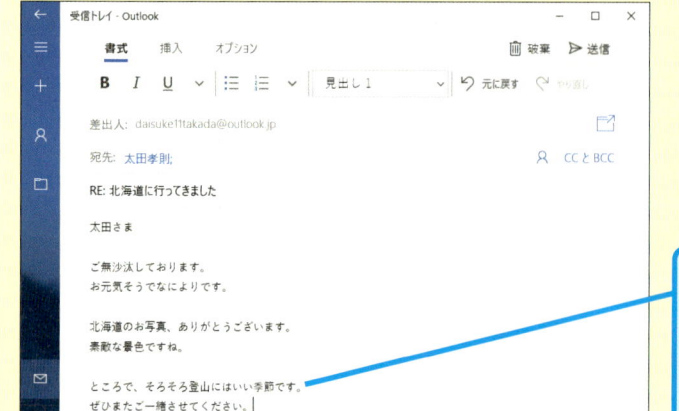

新しいメールを作成したときと同じように、メールの内容を入力します

① 受信したメールを表示します

受信したメールに ▷ を合わせ、そのまま、マウスをクリック します

② メールが表示されました

受信したメールの内容が表示されました

ヒント

受信トレイには1カ月以内に受信されたメールが表示されます。以前のメールを確認したり、返信したいときは、左下の［設定］ボタン（⚙）をクリックし、［アカウントの管理］-［Outlook］の順にクリックします。［Outlookアカウントの設定］で［メールボックスの同期の設定を変更］をクリックし、［メールのダウンロード元］をクリックして、期間を選びます。

次のページに続く▶▶▶

③ 返信メールを作成します

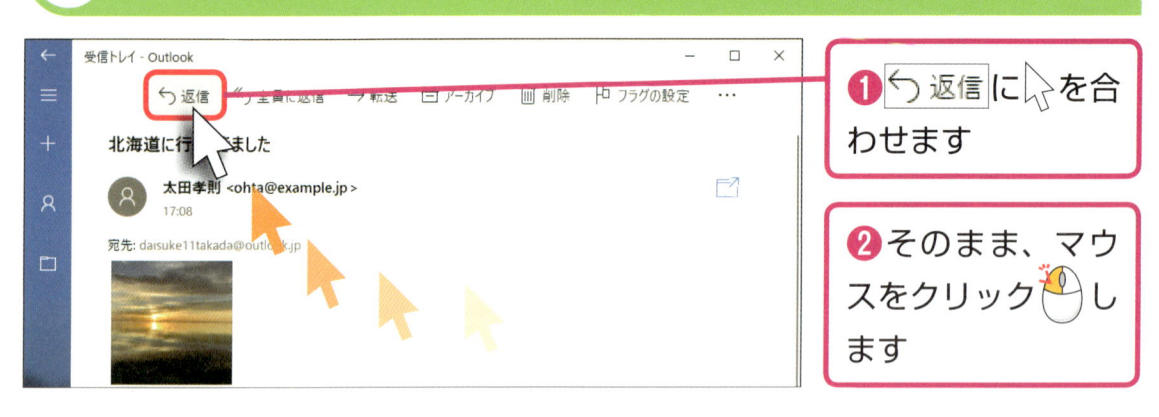

① 🔄 返信 に ▷ を合わせます

② そのまま、マウスをクリック🖱します

ヒント❗

手順3では［返信］をクリックしていますが、［全員に返信］を選ぶと、複数の宛先に対して送られたメールに対し、全員の宛先の相手を返信先として、メールを作成できます。

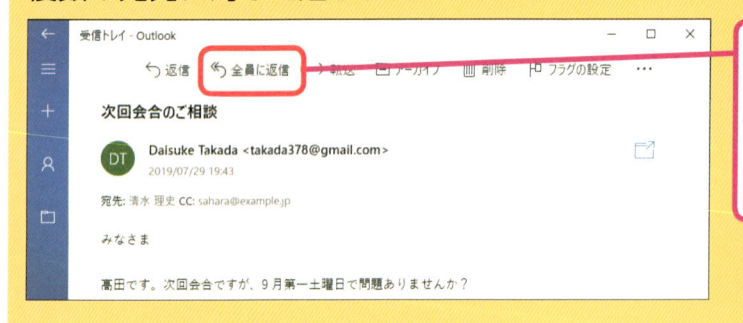

🔄 全員に返信 に ▷ を合わせ、そのまま、マウスをクリック🖱します

④ メールの作成画面が表示されました

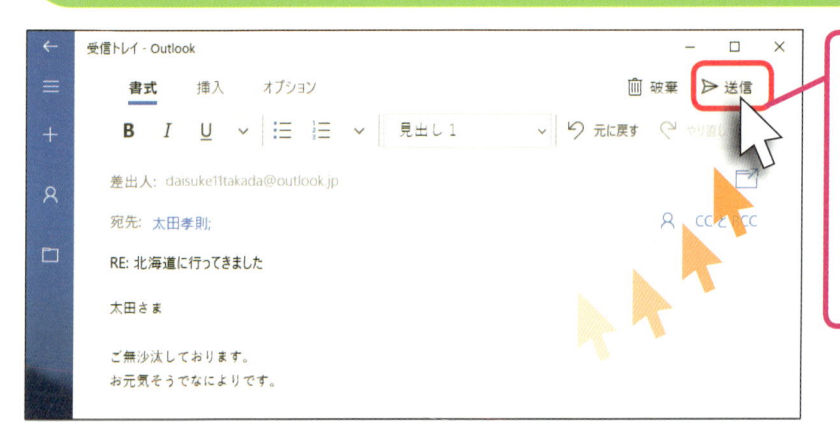

返信の内容を入力して ▷ 送信 に ▷ を合わせ、そのまま、マウスをクリック🖱します

[メール] アプリでは返信などで、やりとりしたメールがひとつの「スレッド」にまとめられて、表示されます。メール一覧の ﹥ をクリックすると、そのスレッドにまとめられたメールが一覧で表示されます。

関係したメールがまとめられていると、﹥ アイコンが表示されます

メールに ⬚ を合わせ、そのまま、マウスをクリック🖱️します

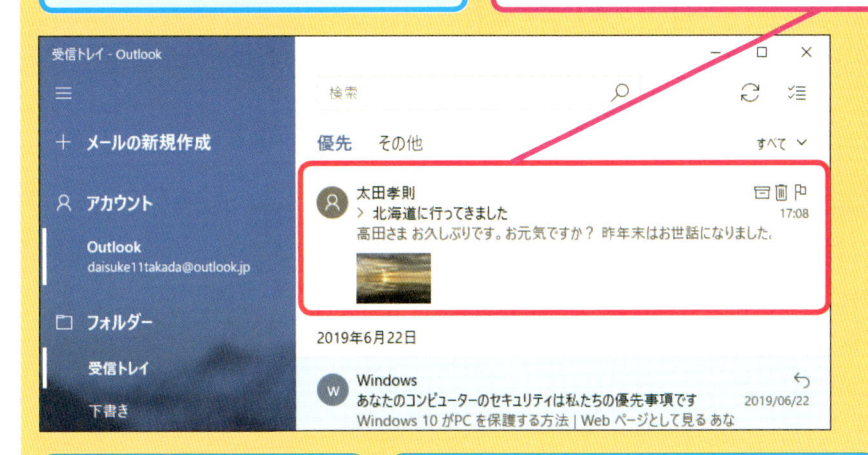

やりとりした一連のメールが表示されました

⌄ に ⬚ を合わせ、そのまま、マウスをクリック🖱️ すると、メールがまとめて表示されます

 終わり

 メールに添付されたファイルを
保存するには

A ファイルを右クリックして、[保存] を選びます

メールには写真や文書などのファイルが添付されていることがあります。添付ファイルを保存したいときは、添付ファイルのサムネイルやアイコンを右クリックし、表示されたメニューから [保存] をクリックします。保存するフォルダーを選ぶ画面で画面右下の [保存] ボタンをクリックします。

メールを使ってみよう

第7章

❶添付ファイルに👆を合わせ、そのまま、マウスを右クリック🖱します

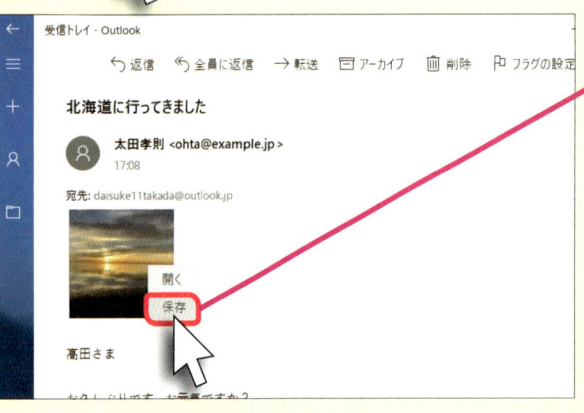

❷ 保存 に👆を合わせ、そのまま、マウスをクリック🖱します

レッスン⑳を参考に、保存先を決めます

❸ 保存(S) に👆を合わせ、そのまま、クリック🖱します

Q メールを検索するには

A 検索ボックスを使います

送受信したメールを検索するには、メール一覧の上に表示されている検索ボックスをクリックします。検索したい言葉を入力し、🔍 をクリックすると、メールを検索できます。[すべてのフォルダー] をクリックして、[受信トレイの検索] を選ぶと、受信トレイのみを検索します。検索結果の下に表示されている [オンラインで検索] をクリックすると、Webメールのメールサーバーに保存されているメールも含めて、検索することができます。

❶ 検索 に ➤ を合わせ、そのまま、マウスをクリック 🥚 します

❷ 検索する言葉を入力します

❸ 🔍 に ➤ を合わせ、そのまま、マウスをクリック 🥚 します

Q 知らない人から メールが届いたときは

A 知らない人からのメールは、安全のために、返信しないようにしましょう

インターネットでは一般的なメール以外に、勧誘や詐欺まがいの広告メールなどが送られてくることがあります。こうした知らない人からのメールには、ウイルスが仕掛けられていたり、フィッシング詐欺のサイトへ接続するようにしくまれていることがあります。トラブルを未然に防ぐため、こうしたメールには決して返信をせずに、以下のように操作して、［迷惑メール］フォルダーに移動しましょう。また、見知らぬ人からのメールに書かれているリンクやURLもクリックしないように注意してください。

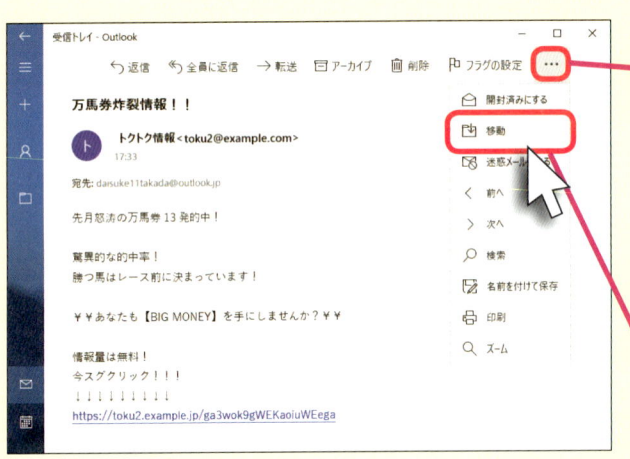

❶ ┄ に ▷ を合わせ、そのまま、マウスをクリックします

❷ ⬇ 移動 に ▷ を合わせ、そのまま、マウスをクリックします

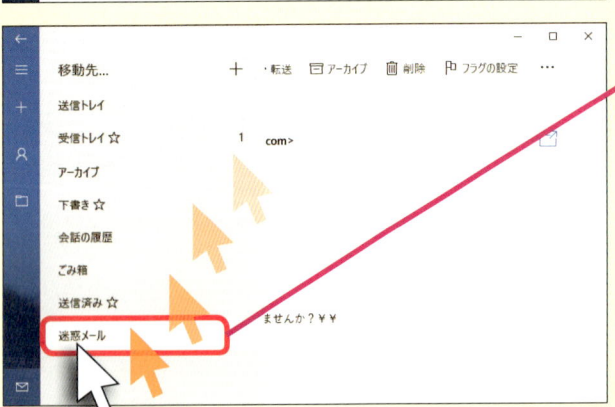

❸ 迷惑メール に ▷ を合わせ、そのまま、マウスをクリックします

メールが［迷惑メール］フォルダーに移動します

第8章

デジタルカメラの写真を楽しもう

デジタルカメラで撮影した写真はパソコンに取り込むことで、パソコンの画面で楽しんだり、メールで友だちに送ったり、印刷することができます。この章ではデジタルカメラで撮影した写真の楽しみ方や整理について、説明しましょう。

この章の内容

デジタルカメラの写真を
パソコンに保存しよう

キーワード フォト、インポート

デジタルカメラで撮影した写真は、簡単にパソコンに取り込むことができます。パソコンとデジタルカメラをUSBケーブルで接続して、表示されたメニューから操作すれば、簡単に写真を［フォト］に取り込むことができます。取り込んだ写真は大きく表示したり、スライドショーで再生できます。

操作は
これだけ　　合わせる　　　クリック

USBケーブルでパソコンと接続して、写真を取り込みます

デジタルカメラを接続して
写真を取り込みます

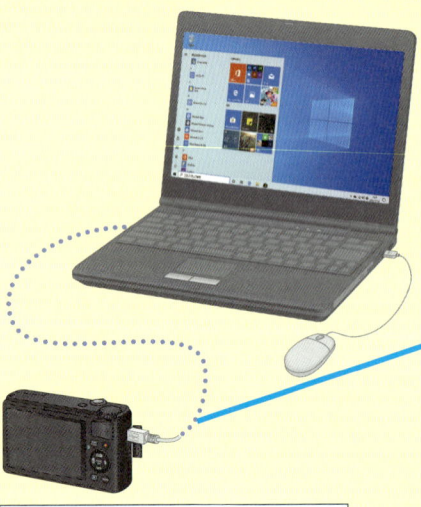

● デジタルカメラの接続

デジタルカメラに付属のUSBケーブルを使い、パソコンのUSBポートとデジタルカメラのUSB端子を接続します。

● 写真の取り込み

デジタルカメラをパソコンに接続したときに表示されるトーストをクリックすると、デジタルカメラのメニューが表示されます。［写真とビデオのインポート］をクリックすると、［フォト］が起動し、写真がパソコンに転送されます。写真を転送してもデジタルカメラに保存された写真は、削除されません。

デジタルカメラの写真を楽しもう
第8章

① [フォト] アプリを起動します

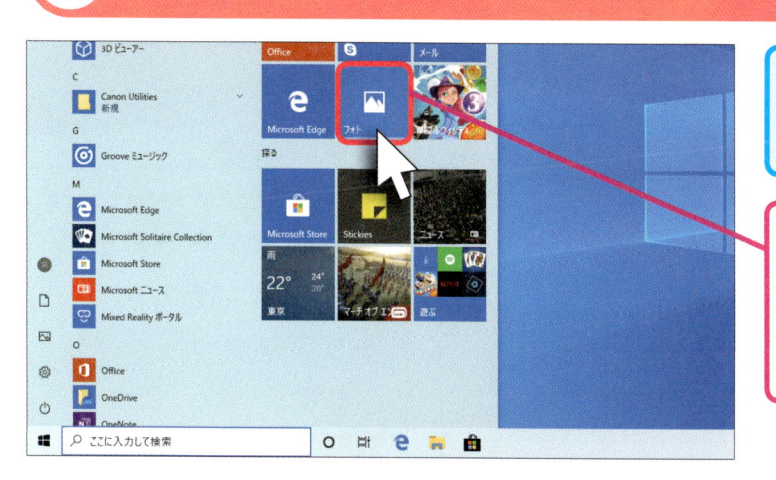

> [スタート] メニューを
> 表示しておきます

> [フォト] に を合わ
> せ、そのまま、マウス
> をクリック します

② デジタルカメラをパソコンに接続します

> ❶USBケーブルを使っ
> て、デジタルカメラと
> パソコンを接続します

> ❷デジタルカメラの電
> 源を入れます

> **注　　意**
> 接続方法は機種によって、
> 異なります。デジタルカメ
> ラに付属している取扱説明
> 書で確認したうえで、操作
> してください

ヒント

パソコンにメモリーカードスロットが
装備されているときは、デジタルカメ
ラのメモリーカードを挿して、読み込
むことができます。メモリーカードの
種類によってはメモリーカードアダプ
ターが必要になることもあります。

次のページに続く ▶▶▶

③ 取り込みの画面を表示します

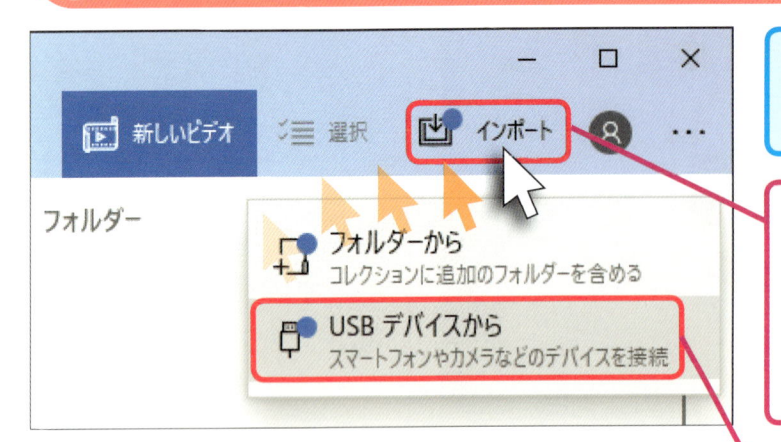

[フォト] アプリが起動しました

❶ [インポート] に を合わせ、そのまま、マウスをクリックします

❷ [USBデバイスから] に を合わせ、そのまま、マウスをクリック します

④ 写真の取り込みを実行します

選択した項目のインポート

に を合わせ、そのまま、マウスをクリック します

デジタルカメラの写真を楽しもう

第8章

ヒント

手順4の画面に表示されている写真の内、インポートしたい写真にチェックを付けると、選んだ写真のみが取り込まれます。左上の年月にチェックを付ければ、その年月のグループ内の写真をまとめて取り込むことができます。

手順4の画面を表示しておきます

インポートする画像をクリック して、チェックマークを付けます

---

⑤ **取り込んだ写真が表示されました**

写真の取り込みが完了し、写真の一覧が表示されました

次のページに続く ▶▶▶

⑥ 取り込んだ写真を確認します

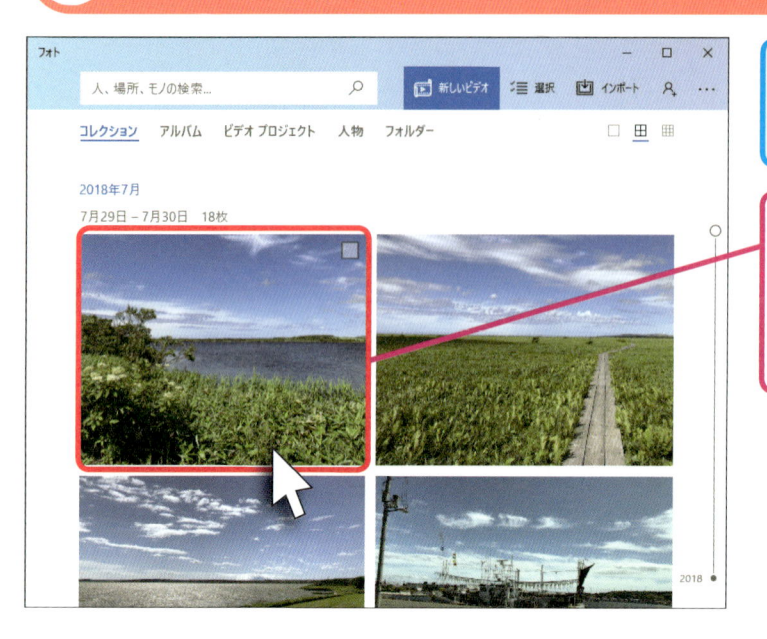

取り込んだ写真を大きく表示します

確認する写真に ▨ を合わせ、そのまま、マウスをクリック 🖱 します

⑦ 写真が大きく表示されました

取り込んだ写真が大きく表示されました

⑧ ［フォト］アプリを終了します

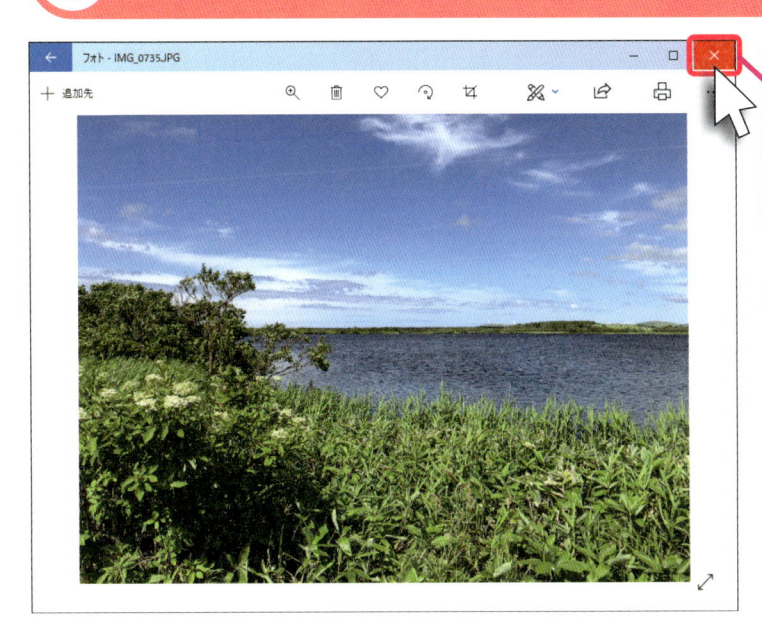

⊠に▷を合わせ、そのまま、マウスをクリックします

⊠が表示されていないときは、写真をクリックすると、表示されます

［フォト］アプリが終了します

ヒント

［フォト］で写真を表示しているとき、以下のように操作すると、保存した写真をスライドショー形式で表示できます。みんなで写真を楽しみたいときに便利です。再生中に写真をクリックすると、スライドショーが終了します。

❶ … に▷を合わせ、そのまま、マウスをクリックします

❷ ▣ スライドショー に▷を合わせ、そのまま、マウスをクリックします

🏁 終わり

パソコンに取り込んだ写真を見よう

動画で見る

キーワード🔑━ **［ピクチャ］フォルダー**

パソコンに取り込んだ写真は、［フォト］で見ることができます。写真は［ピクチャ］フォルダーに、年月ごとのフォルダーに分けて保存されています。フォルダーを開くと、小さな写真を並べた一覧（サムネイル表示）が表示され、ダブルクリックすると、［フォト］で写真を見ることができます。

操作はこれだけ　**合わせる**　**クリック**　**ダブルクリック**

一覧表示と拡大表示で確認できます

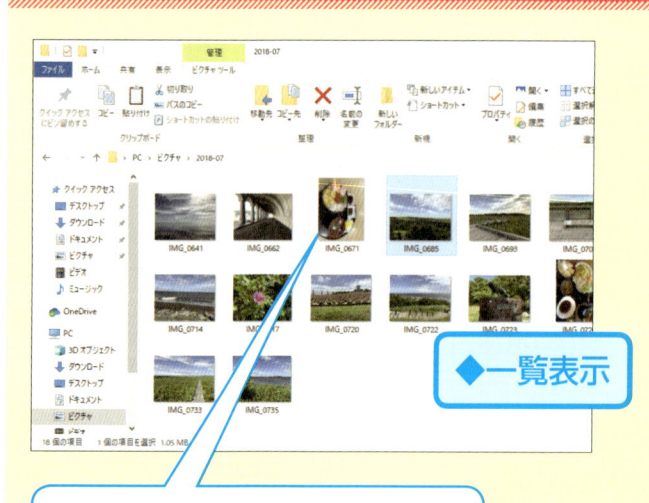
◆一覧表示

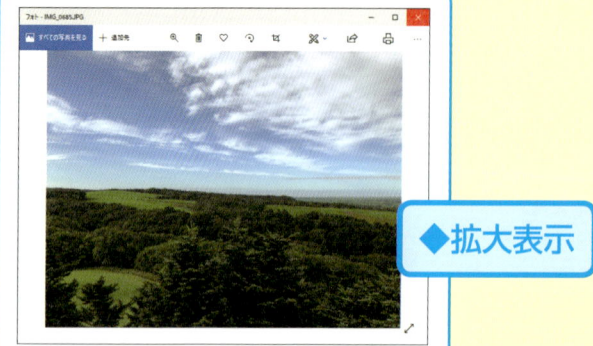
◆拡大表示

写真の表示

［ピクチャ］フォルダーは写真を一覧で表示でき、どんな写真が取り込まれているのかがひと目でわかります。写真を大きく表示したいときは、一覧から写真を選び、ダブルクリックします。［フォト］が起動して、写真がウィンドウ全体に表示されます。

ヒント❗

［フォト］を使い、［ピクチャ］フォルダーに取り込んだ写真は、撮影された年月ごとのフォルダーに分けて保存されています。年月のフォルダーを開くと、取り込んだ写真がサムネイルで表示されます。

デジタルカメラの写真を楽しもう

第8章

① リボンの表示を固定します

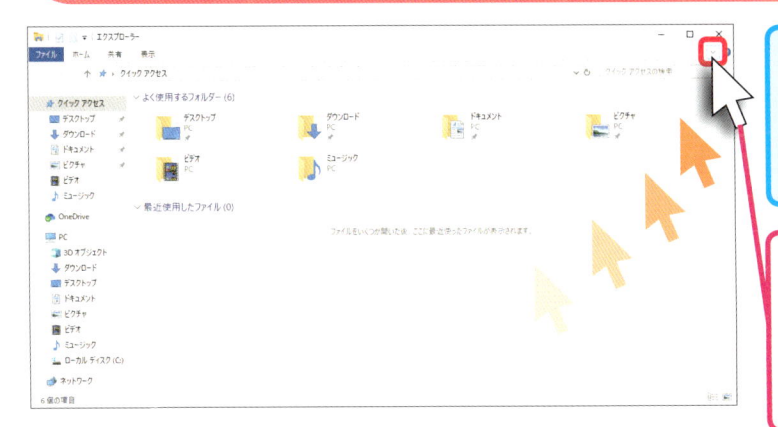

102ページを参考に、フォルダーウィンドウを表示しておきます

∨ に ▷ を合わせ、そのまま、マウスをクリックします

② ［ピクチャ］を表示します

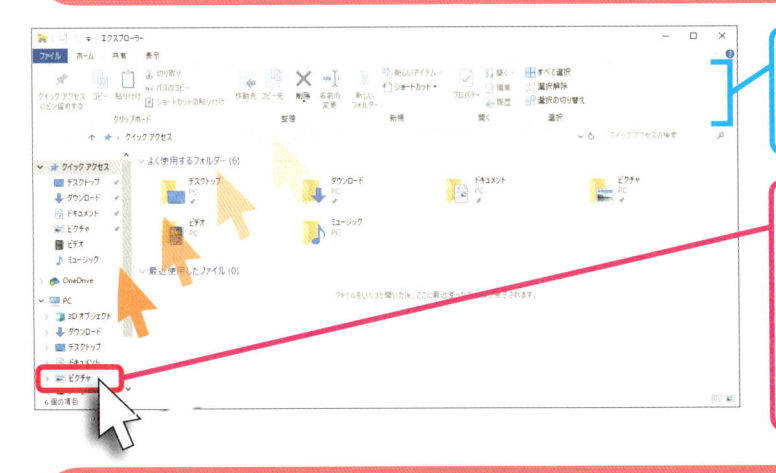

リボンの表示が固定されました

📺 PC の 🖼 ピクチャ に ▷ を合わせ、そのまま、マウスをダブルクリックします

③ 写真の一覧を表示します

フォルダーに ▷ を合わせ、そのまま、マウスをダブルクリックします

次のページに続く ▶▶▶

④ 表示を拡大する写真を選択します

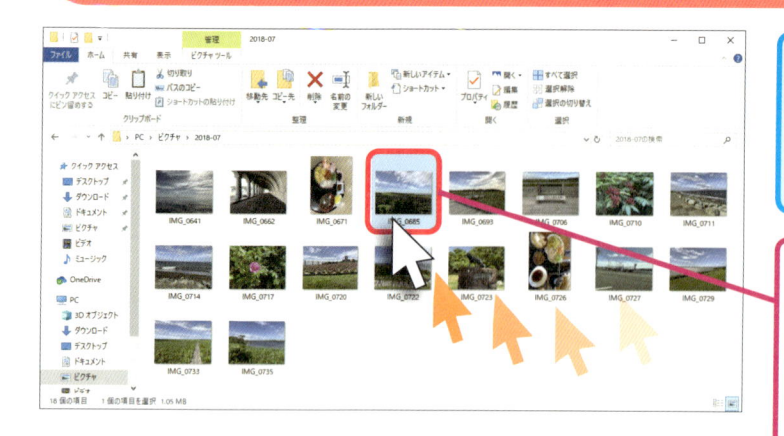

レッスン㊸で取り込んだ写真の一覧が表示されました

表示を拡大する写真に ↖ を合わせ、そのまま、ダブルクリック 🖱 します

ヒント❗

取り込んだ写真を編集するには、［フォト］で写真を表示し、［✂］をクリックして、表示されたメニューで［編集］をクリックします。表示された編集画面では写真を切り抜いたり、傾きを調整などができます。

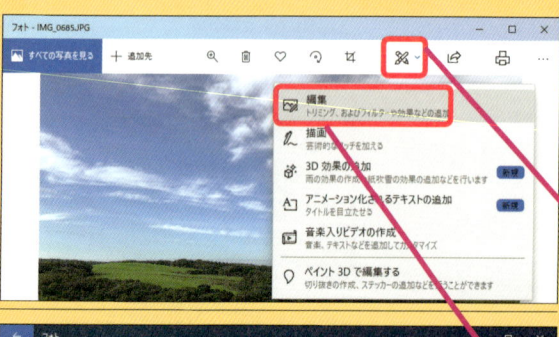

レッスン㊸を参考に、［フォト］アプリで写真を大きく表示しておきます

❶ ✂ に ↖ を合わせ、そのまま、マウスをクリック 🖱 します

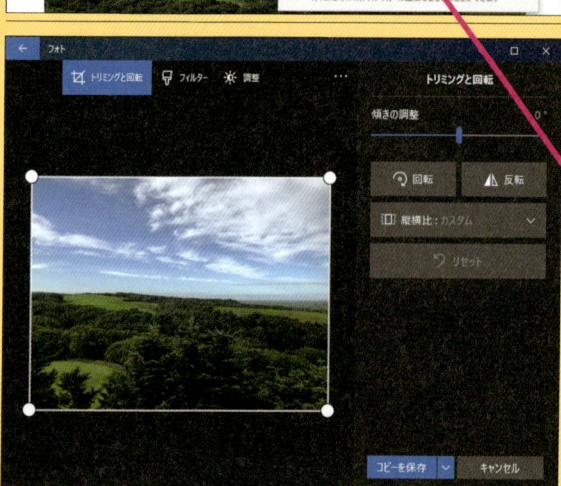

❷ 編集 トリミング、およびフィルターや効果などの追加 に ↖ を合わせ、そのまま、マウスをクリック 🖱 します

写真の編集画面が表示されました

デジタルカメラの写真を楽しもう

第8章

［フォト］アプリが起動し、写真が拡大表示されました

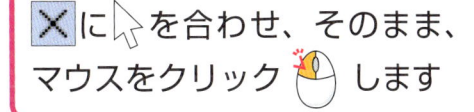に を合わせ、そのまま、マウスをクリック します

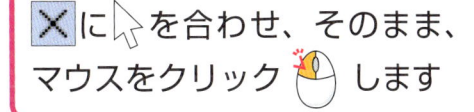が表示されていないときは、写真をクリック すると、表示されます

ヒント

表示した写真を拡大したり、縮小したいときは、手順5の画面で、上段の［🔍］のアイコンをクリックします。スライダーが表示されるので、左右にスライドすると、表示の拡大・縮小ができます。また、写真の向きが間違っているときは、［🔄］をクリックすれば、表示を回転させることができます。

🔍 をクリックすると、スライダーが表示され、左右にスライドすると、拡大や縮小ができます

🔄 をクリックすると、回転させることができます

 終わり

写真をフォルダーに整理しよう

動画で
見る

キーワード🔑 新しいフォルダー、移動先

パソコンに取り込んだ写真は、フォルダーに移動して、整理することができます。写真は撮影した年月のフォルダーに保存されていますが、旅行や花といった

フォルダーを作成し、イベントごとに分けて整理しておくと、写真を見たいときや使いたいときに目的の写真を見つけやすくなります。

操作はこれだけ 合わせる 🖱 クリック 🖱 入力する

新しいフォルダーを作って写真を整理します

◆[ホーム]タブ

[新しいフォルダー]ボタンをクリック🖱します

● **フォルダーウィンドウのタブ**
フォルダーウィンドウには［ホーム］［操作］などのタブが表示されています。画像を選択すると、［操作］タブも表示されます。それぞれのタブをクリックすると、その下に表示されるボタンが変わります。

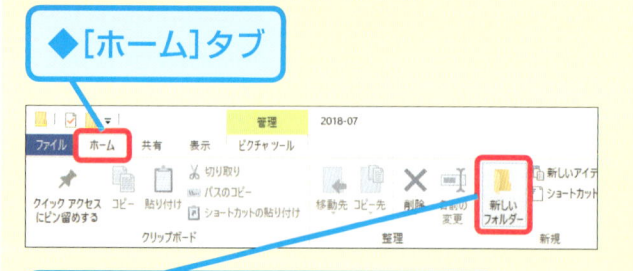

新しいフォルダーが作成されました

● **フォルダーの作成**
フォルダーウィンドウのボタンをクリックすると、新しいフォルダーを作成することができます。作成したフォルダーには自由に名前を付けることができます。

① 新しいフォルダーを作成します

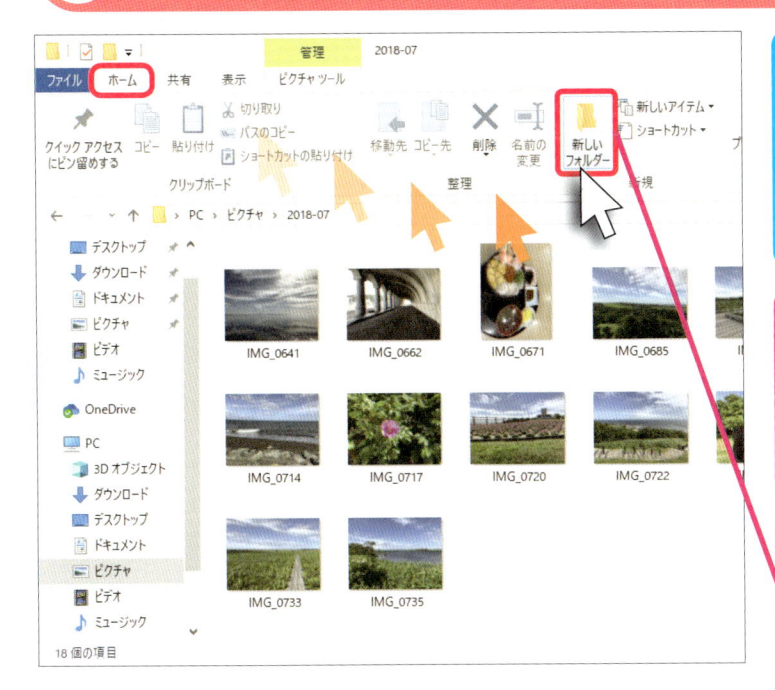

レッスン㊹（203ページ）を参考に、取り込んだ写真のフォルダーを表示しておきます

❶ ホーム に 🔺 を合わせ、そのまま、マウスをクリック 🖱 します

❷ 🗀 新しいフォルダー に 🔺 を合わせ、そのまま、マウスをクリック 🖱 します

② フォルダーの名前を変更します

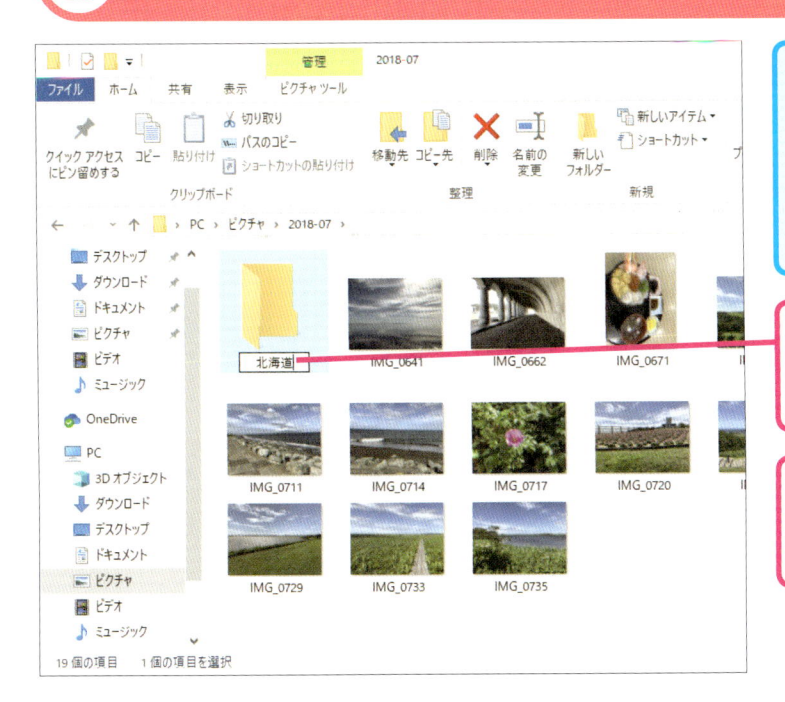

フォルダーが作成され、フォルダー名が 新しいフォルダー と表示されました

❶ ここでは「北海道」と入力します

❷ Enter キーを押します

次のページに続く ▶▶▶

③ 複数の写真を選択します

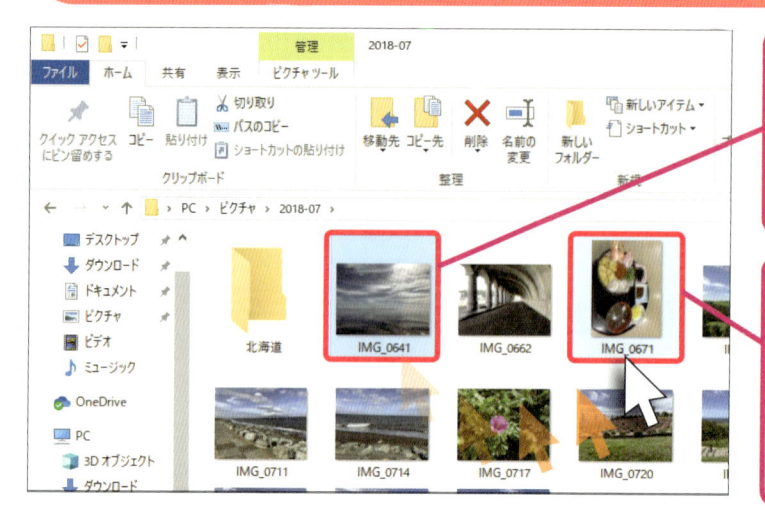

❶写真に�を合わせ、そのまま、マウスをクリック🖱します

❷ [Shift] キーを押しながら、選択したい最後の写真をクリック🖱します

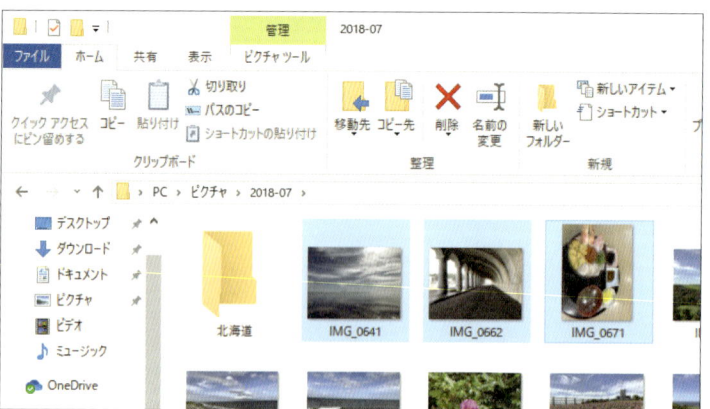

複数の写真が選択されました

複数の写真を個別に選択するときは、[Ctrl] キーを押しながら写真をクリック🖱します

④ 選択した写真を作成したフォルダーに移動します

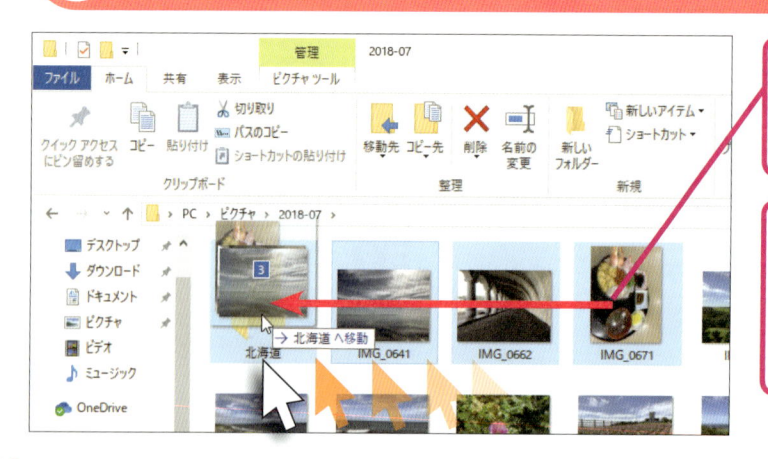

❶選択した写真に�を合わせます

❷そのまま、矢印の方向にマウスをドラッグ🖱🖱します

デジタルカメラの写真を楽しもう

第8章

ヒント

失敗した写真などを削除したいときは、[ホーム] タブを選んだ状態で、削除したい写真をクリックします。[削除] ボタンをクリックすると、写真はごみ箱に移動します。ごみ箱を右クリックして、表示されたメニューで [ごみ箱を空にする] をクリックすると、写真は完全に削除されます。完全に削除した写真は元に戻せないので、よく確認してから操作しましょう。

⑤ フォルダーを [ピクチャ] に移動します

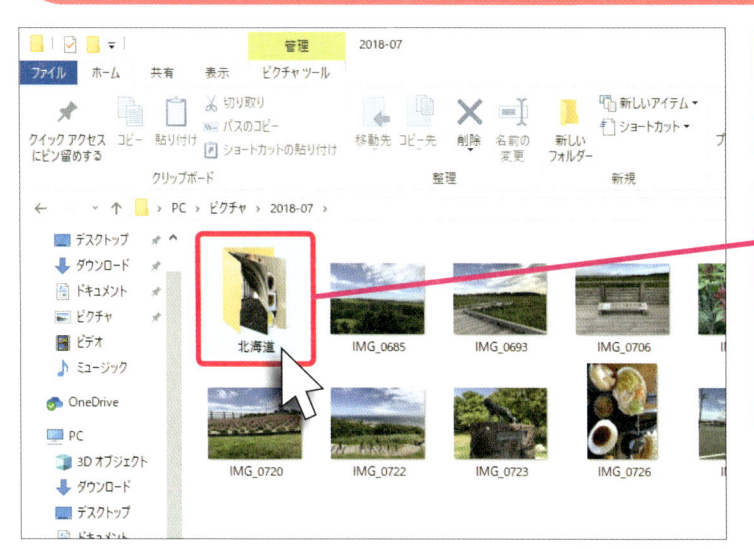

選択した写真がフォルダーに移動しました

❶ [北海道] フォルダーに を合わせ、そのまま、マウスをクリックします

❷ 移動先 に を合わせ、そのまま、マウスをクリックします

❸ ピクチャ に を合わせ、そのまま、マウスをクリックします

次のページに続く ▶▶▶

⑥ ひとつ上の ［ピクチャ］ を表示します

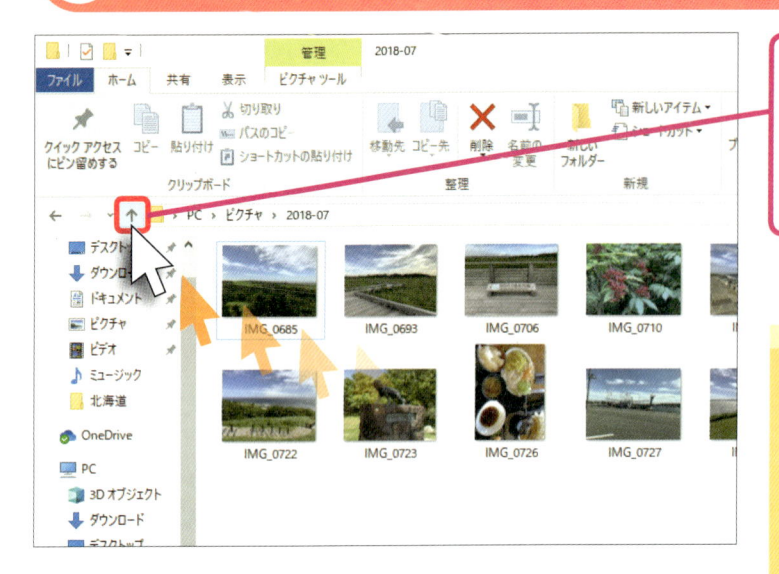

↑に▷を合わせ、その まま、マウスをクリック します

ヒント❗

フォルダーウィンドウの 左の列に表示されている ［ピクチャ］ をクリックす ると、フォルダーを移動 することができます。

⑦ 移動したフォルダーを確認します

手順5で ［ピクチャ］ フォルダーに移動した ［北海道］ フォルダーが 表示されました

ヒント❗

フォルダーウィンドウの アドレスバーの左に表示 されている←をクリック すると、直前に表示され ていたフォルダーが表示 されます。

ヒント

写真を移動ではなく、コピーしたいときは、手順3のように写真を選択した状態で、[コピー] ボタンをクリックします。続いて、コピー先のフォルダーに移動し、[貼り付け] ボタンをクリックすると、写真がコピーされます。

コピーしたい写真を
選択しておきます

❷ [貼り付け] に ↖ を合わせ、そのまま、
マウスをクリック 🖱 します

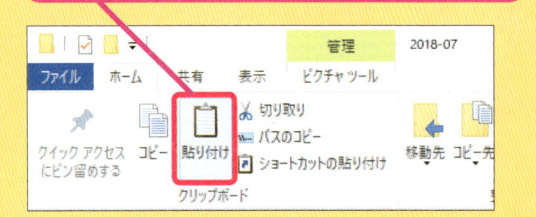

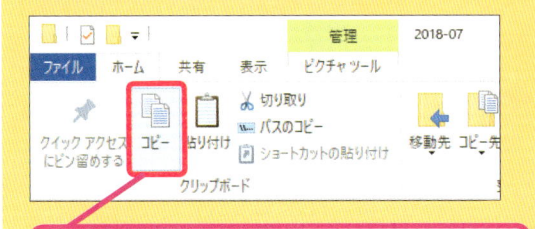

❶ [コピー] に ↖ を合わせ、そのまま、
マウスをクリック 🖱 します

コピーした写真が
貼り付けられます

ヒント

フォルダーウィンドウに表示される写真のサイズを大きくしたいときは、[表示] タブを選んだ状態で、[特大アイコン] をクリックします。[大アイコン] [中アイコン] をクリックすれば、それぞれのサイズで表示されます。

❶ 表示 に ↖ を合わせ、そのまま、
マウスをクリック 🖱 します

❷ 特大アイコン に ↖ を合わせ、そのまま、マウスをクリック 🖱 します

写真が大きく表示されます

🏁 終わり

友だちや家族に写真を
メールで送ろう

パソコンに保存されている写真は、友だちや家族にメールで送ることができます。一度に何枚もの写真を送ると、受け取った相手も扱いにくいので、複数の写真を送るときは、「ZIP」と呼ばれる形式でひとつのファイルにまとめると便利です。ZIPファイルはパソコンを利用すれば、すぐに展開することができます。

操作はこれだけ　　合わせる 　　クリック 　　入力する

圧縮で複数のファイルをひとつにまとめられます

◆ 通常のフォルダー

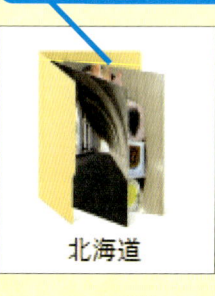

北海道

◆ ZIP ファイル

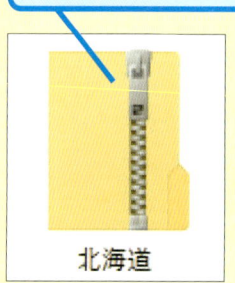

北海道

複数のファイルを圧縮すると、ひとまとめにできて便利です

● 圧縮とは

写真などの複数のファイルをひとつのファイルにまとめることを指します。フォルダーは保存されている場所のことですが、圧縮すると、ファイルはひとつにまとめられるため、コピーするファイルもひとつになります。

● ZIPファイルって何？

複数のファイルをひとつにまとめ、圧縮する方法には、いくつかの種類がありますが、「ZIP」（ジップ）と呼ばれる方式がもっとも広く利用されています。ウィンドウズでも複数のファイルを圧縮する標準的な方式となっています。

① フォルダーの圧縮を実行します

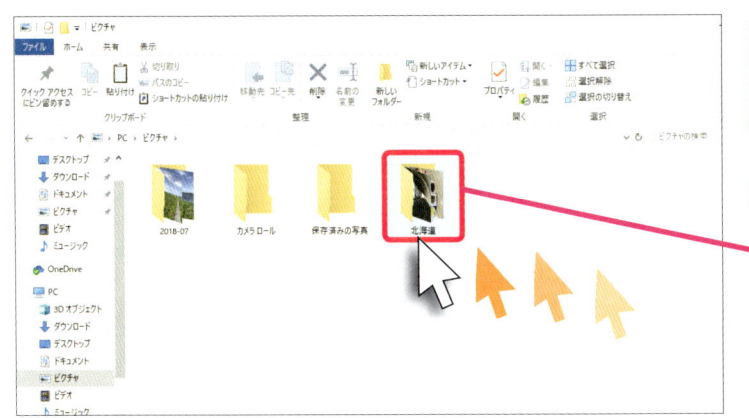

ここでは［北海道］フォルダーを圧縮します

❶［北海道］フォルダーに ▷ を合わせ、そのまま、マウスをクリックします

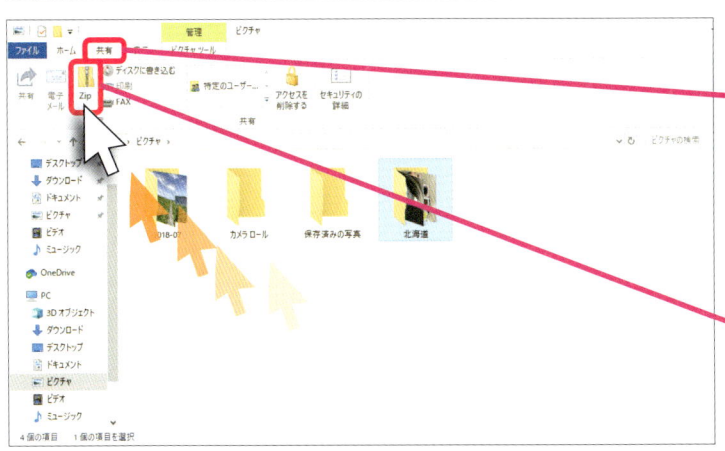

❷ 共有 に ▷ を合わせ、そのまま、マウスをクリックします

❸ [Zip] に ▷ を合わせ、そのまま、マウスをクリックします

② フォルダーが圧縮されました

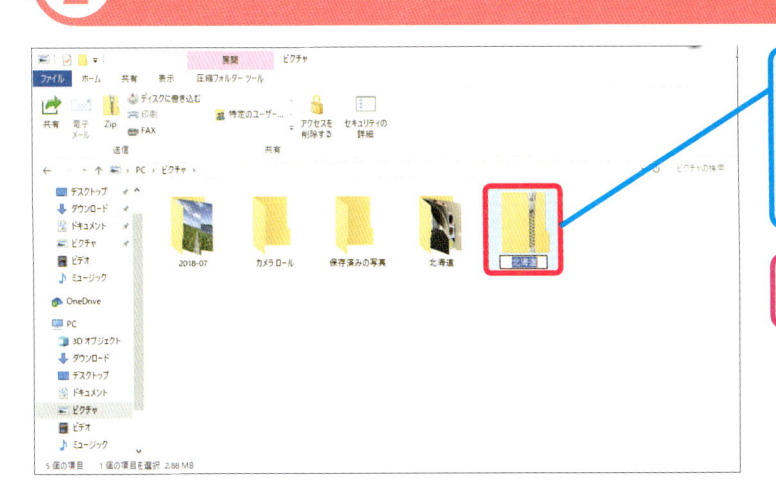

［北海道］フォルダーが圧縮され、ZIPファイルが作成されました

Enter キーを押します

次のページに続く ▶▶▶

レッスン❹（185ページ）を参考に、メールの作成画面を表示しておきます

❶ 挿入 に ↖ を合わせ、そのまま、マウスをクリック 🖱 します

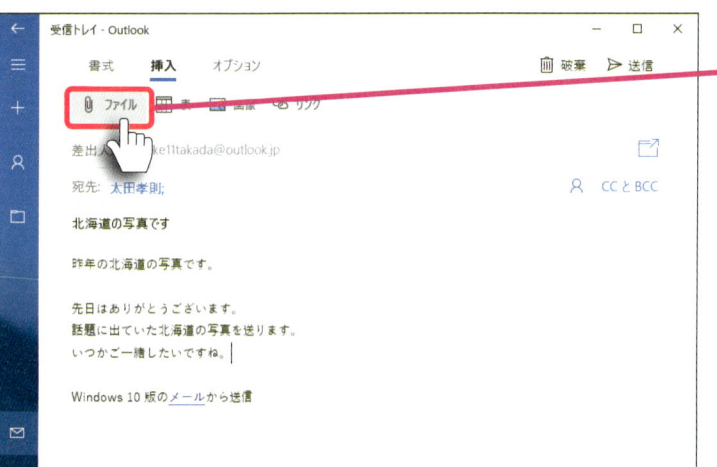

❷ 📎 ファイル に 👆 を合わせ、そのまま、マウスをクリック 🖱 します

デジタルカメラの写真を楽しもう

第8章

ヒント💡

圧縮されたZIPファイルを展開するには、フォルダーウィンドウでZIPファイルをクリックします。表示された[圧縮フォルダーツール]の［展開］タブを選び、［すべて展開］ボタンをクリックすれば、そのZIPファイルと同じ名前のフォルダーが作成され、ZIPファイルの内容が展開されます。

ZIPファイルを選択して、圧縮フォルダー ツール の 📁 すべて展開 をクリック 🖱 します

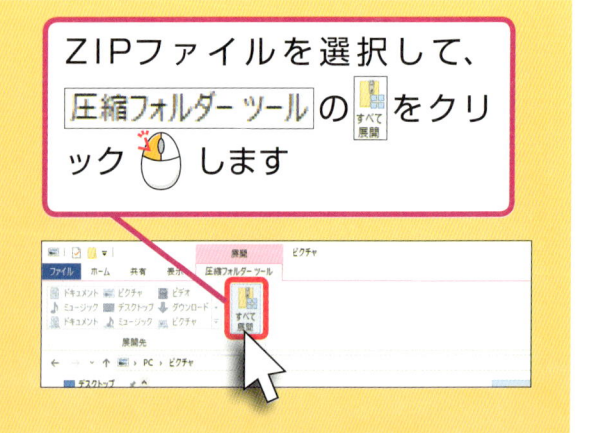

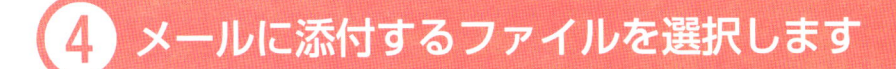

❶ 🏞 ピクチャ に 🖱 を合わせ、そのまま、
マウスをクリック 🖱 します

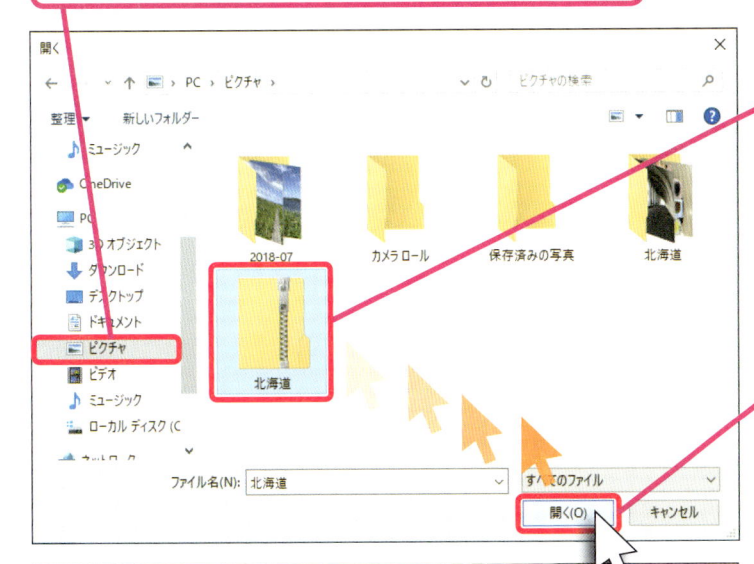

❷ZIPファイルに 🖱 を
合わせ、そのまま、マ
ウスをクリック 🖱 し
ます

❸ 開く(O) に 🖱 を
合わせ、そのまま、マ
ウスをクリック 🖱 し
ます

メールにZIPファイルが
添付できました

ヒント 💡

エクスプローラーのフォルダーウィンド　　表示されたメニューで［メール］を選ぶ
ウで［共有］タブの［共有］をクリックし、　と、ファイルをメールに添付できます。

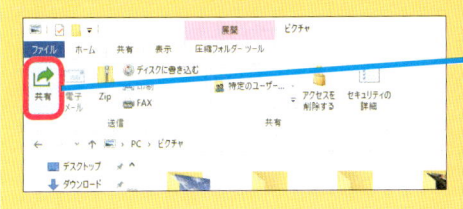

📤 をクリック 🖱 し、表示された［共有］
の画面で ✉ をクリック 🖱 します

🏁 終わり

写真を印刷しよう

キーワード 🔑 画像の印刷

パソコンに取り込んだ写真は、プリンターで印刷することができます。写真を印刷するときは、あらかじめプリンターを使えるようにセットアップし、用紙のサイズや種類などを選びます。写真のプリントではL判が一般的ですが、ほかのサイズでも印刷できます。プリンターによっては、フチなし印刷も可能です。

> 操作はこれだけ　　合わせる　　クリック

用紙の種類とサイズを指定して印刷します

● **写真の印刷**

写真を印刷するときは、用紙をセットして、プリンターが利用できる状態にします。［ピクチャ］フォルダーで印刷したい写真を選び、［印刷］ボタンをクリックします。［画像の印刷］の画面で、印刷するプリンターや用紙サイズなどを設定して、印刷します。

ヒント❗

写真のプリントに適した用紙は、プリンターの製造元や用品メーカーが「光沢紙」や「フォトペーパー」などの名称で販売しています。これらの写真専用の用紙は普通紙と違い、光沢があり、発色が良いなどの特徴があります。

デジタルカメラの写真を楽しもう　第8章

① 印刷する写真を選択します

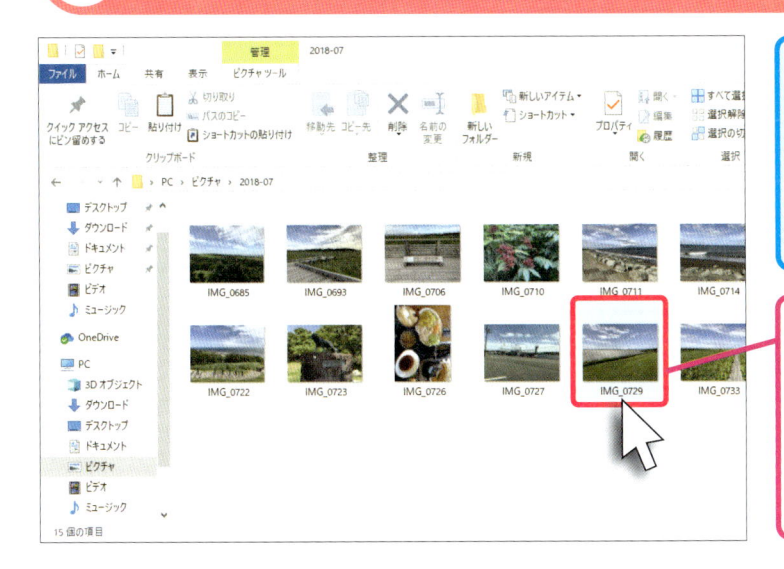

レッスン㊹（203ページ）を参考に、印刷する写真を表示しておきます

プリンターで印刷する写真に🔽を合わせ、そのまま、マウスをクリック🥚します

② ［画像の印刷］の画面を表示します

❶ 共有 に🔽を合わせ、そのまま、マウスをクリック🥚します

❷ 🖨 印刷 に🔽を合わせ、そのまま、マウスをクリック🥚します

ヒント❗

印刷したい写真が見つからないときは、［ピクチャ］フォルダーをスクロールさせたり、［ピクチャ］フォルダーのほかのフォルダーも開いてみたりして、保存されている写真を確認してみましょう。

次のページに続く▶▶▶

③ プリンター名を確認します

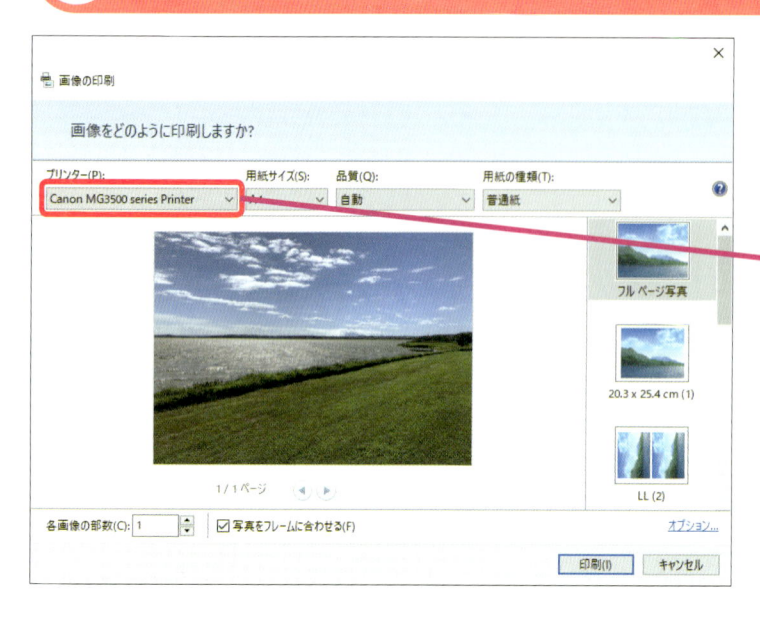

［画像の印刷］の画面が
表示されました

印刷に使うプリンター
名を確認します

注　　意

印刷に使うプリンターが表
示されていないときは、［プ
リンター］の⌄をクリック
し、表示された一覧からプ
リンターを選択します

ヒント

ここではL判の用紙に、写真を1点のみ
印刷していますが、A4サイズやB5サ
イズなどの少し大きな用紙に、複数の写
真をレイアウトして、印刷することもで
きます。複数の写真をレイアウトして印
刷したいときは、手順1の画面で複数の
写真を選び、手順3の画面でレイアウト
を選んで印刷します。

［DSC］や［ウォレット］で
複数の写真を印刷できます

デジタルカメラの写真を楽しもう

第8章

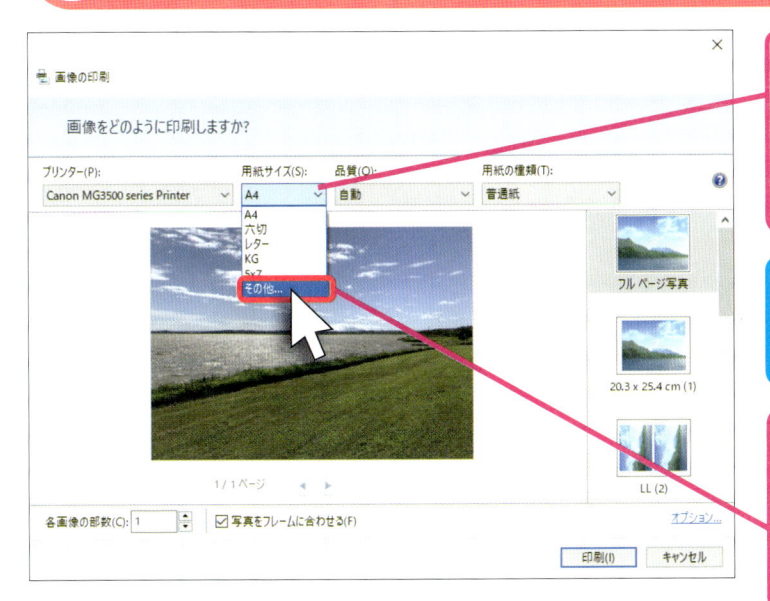

❶ ✔ に ⛶ を合わせ、そのまま、マウスをクリック 🖱 します

用紙サイズの一覧が表示されました

❷ その他... に ⛶ を合わせ、そのまま、マウスをクリック 🖱 します

選択できる用紙サイズの種類が増えました

❸ L判 に ⛶ を合わせ、そのまま、マウスをクリック 🖱 します

注　意

使っているプリンターによって、選択できる用紙サイズや用紙の種類が異なります

ヒント 💡

プリンターにほかのサイズの用紙をセットしているときは、そのサイズを用紙サイズの一覧から選びます。

次のページに続く ▶▶▶

⑤ 用紙の種類を選択します

用紙サイズが［L判］に設定されました

❶ ⌄に ⌂ を合わせ、そのまま、マウスをクリック します

❷ 写真用紙 光沢 に ⌂ を合わせ、そのまま、マウスをクリック します

⑥ 写真の印刷を実行します

用紙の種類が［写真用紙 光沢］に設定されました

印刷(I) に ⌂ を合わせ、そのまま、マウスをクリック します

デジタルカメラの写真を楽しもう

第8章

⑦ 写真が印刷されます

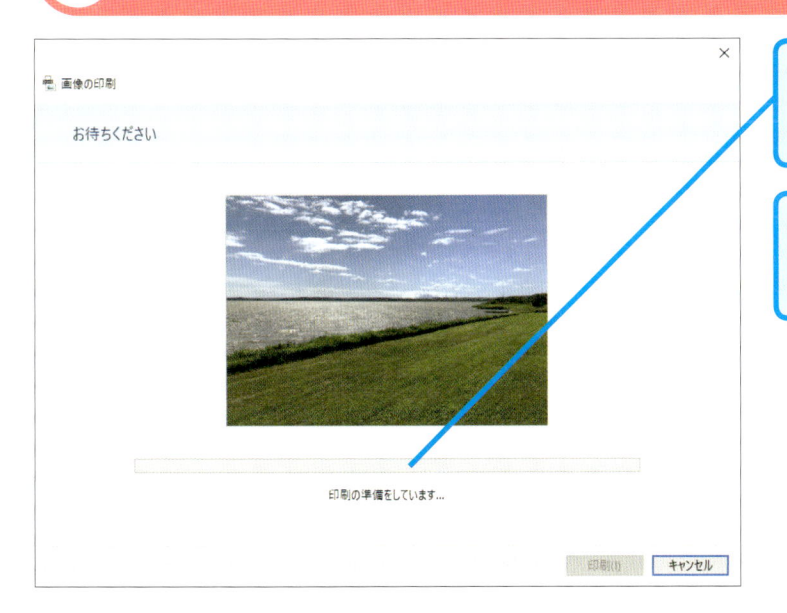

印刷の状況が表示されます

印刷が完了するまで、しばらく待ちましょう

⑧ 写真が印刷されました

写真がL判の光沢紙に印刷されました

🏁 終わり

写真をデスクトップの背景に設定しよう

デジタルカメラなどで撮影した写真は、ウィンドウズのデスクトップの背景に設定することができます。デスクトップの背景は、パソコンを使っている間、常に表示されるものなので、自分のお気に入りの写真で飾ることができれば、パソコンを使うことも楽しくなります。見やすい写真を選んで、設定してみましょう。

操作は これだけ　合わせる  クリック

お気に入りの写真を背景に設定します

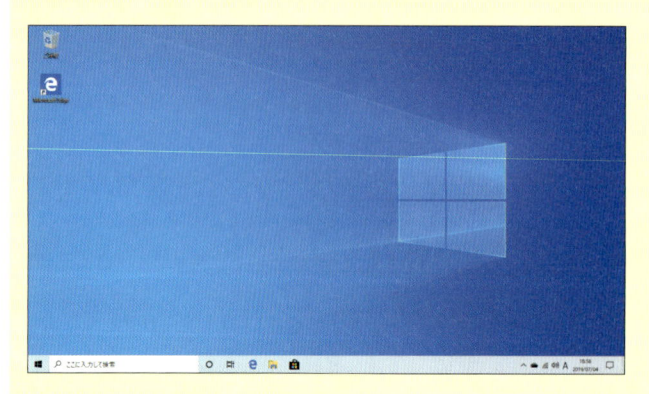

● デスクトップの背景

デスクトップの背景に設定する写真は、デスクトップのアイコンなどが見やすい写真を選ぶことをおすすめします。お気に入りの写真で、デスクトップのアイコンが見えなくなるときは、アイコンをドラッグして配置し直しましょう。

設定した写真が画面いっぱいに表示されるように調整されます

① 選択した写真を背景に設定します

レッスン④（204ページ）を参考に、背景に
設定する写真をクリック 🖱 しておきます

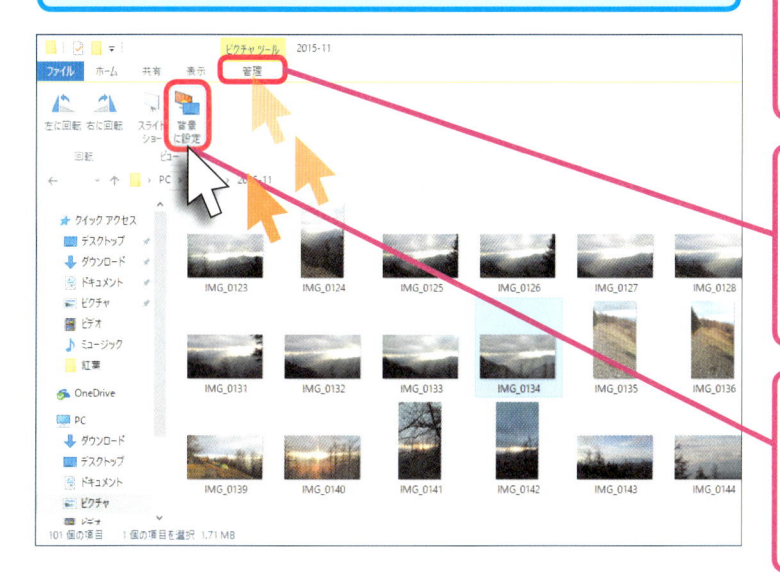

❶ 背景に設定する写真
に を合わせ、そのま
ま、マウスをクリック
🖱 します

❷ 管理 に を合わせ、
そのまま、マウスをクリ
ック 🖱 します

❸ 🖼 背景 に を合わせ、そ
に設定
のまま、マウスをクリ
ック 🖱 します

② フォルダーを閉じます

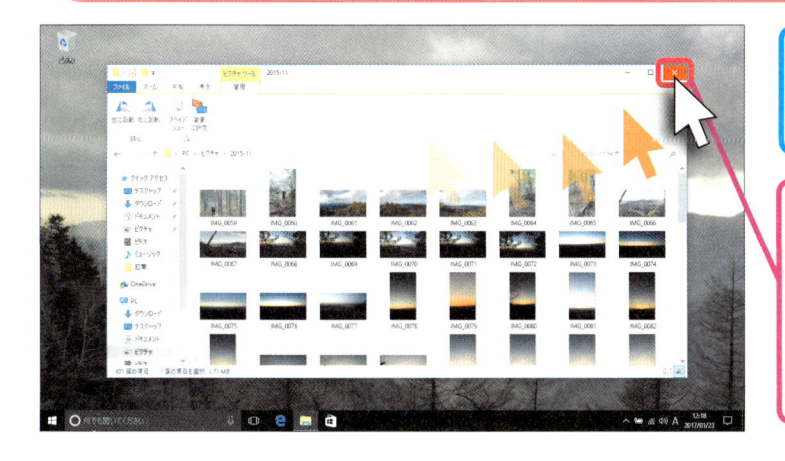

選択した写真が背景に
設定されました

画面右上の ✕ に を
合わせ、そのまま、マ
ウスをクリック 🖱 し
ます

🏁 終わり

写真をUSBメモリーに保存しよう

キーワード 🔑 送る

パソコンに取り込んだ写真は、「USBメモリー」と呼ばれる記憶媒体にコピーして、保存することができます。必要な写真を選び、友だちや家族など、他の人に まとめて写真を渡すときにも便利です。USBメモリーはパソコンのUSBポートに接続して、利用します。写真だけでなく、文書ファイルなどもコピーできます。

操作はこれだけ　合わせる 　クリック 　入力する

写真を選んでUSBメモリーにコピーする

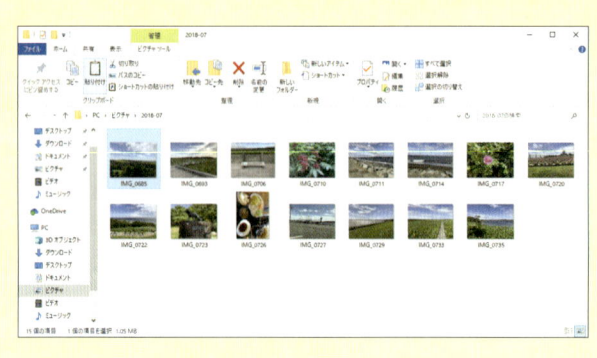

● USBメモリーへのコピー

USBメモリーに保存したい写真が含まれるフォルダーを右クリックし、表示されたメニューから［送る］を選び、コピー先のUSBメモリーをクリックします。

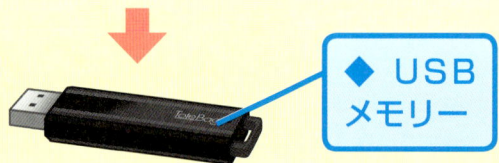

◆ USBメモリー

ヒント❗

USBメモリーは家電量販店やオンラインショップなどで購入できます。容量は数GBから数百GBまで、さまざまな種類が販売されています。

① コピーするファイルを確認します

USBメモリーにコピーしたい
ファイルを確認しておきます

ファイル名を確認します

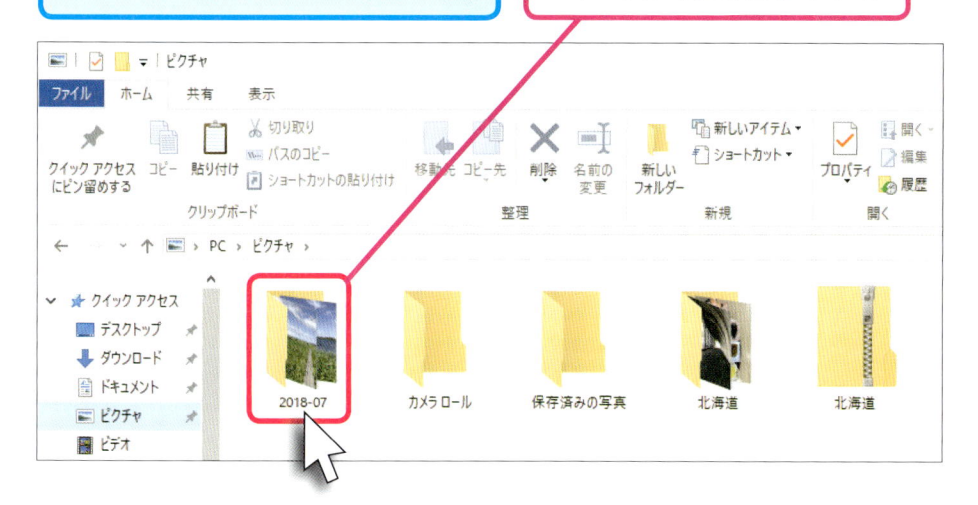

② USBメモリーをパソコンに接続します

USBメモリーをパソコンの
USBポートに接続します

次のページに続く ▶▶▶

③ トーストが消えるのを待ちます

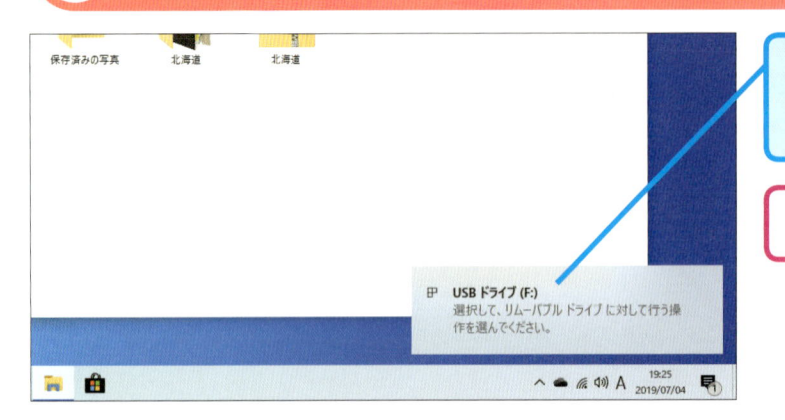

トーストが表示されました

しばらく待ちます

④ ファイルをUSBにコピーします

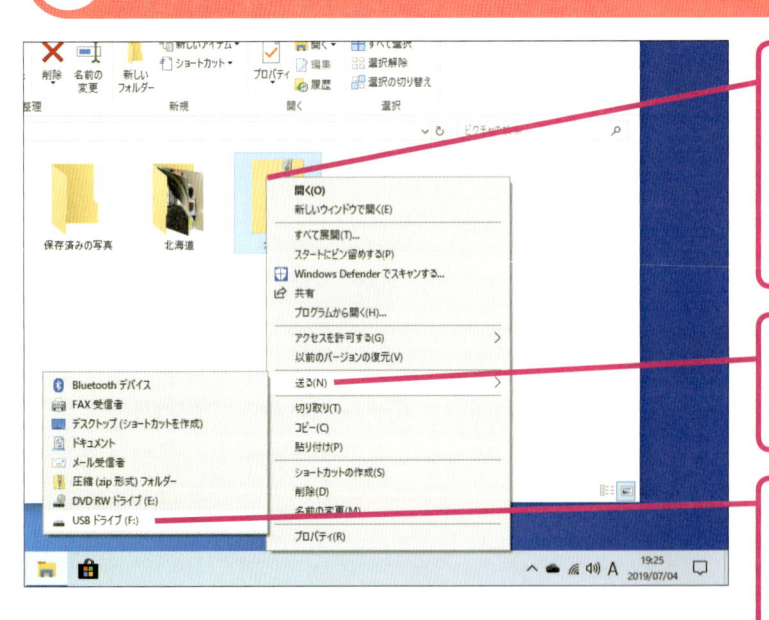

❶ コピーするファイルに🖱を合わせ、そのまま、マウスを右クリックします

❷ 送る(N)に🖱を合わせます

❸ コピー先のUSBメモリーに🖱を合わせ、そのまま、マウスをクリックします

ヒント

USBメモリーはコンパクトなため、手軽に持ち運ぶことができますが、紛失してしまうリスクもあります。USBメモリーに［2019北海道旅行］など、内容を書いたシールを貼って、内容がわかるようにしておいたり、自宅での保管場所などを決めておきましょう。

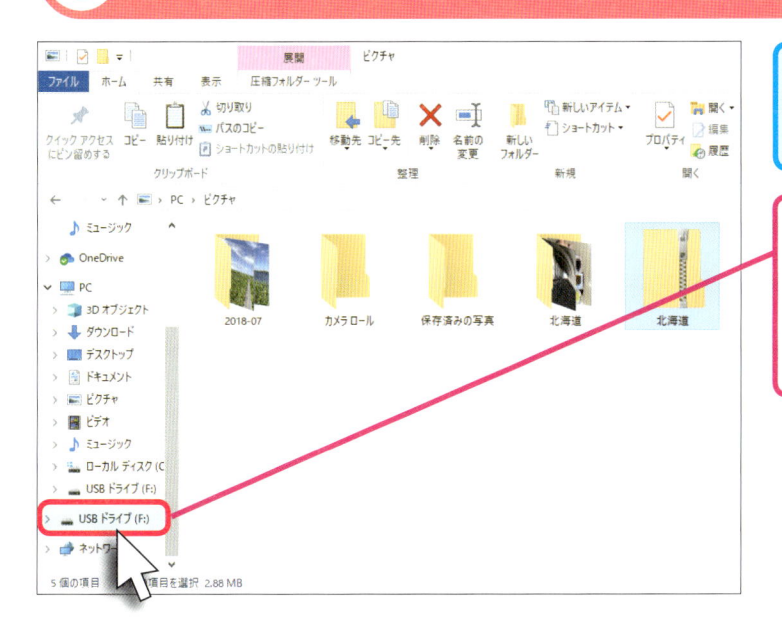

ファイルがコピーされました

USBメモリーに🔺を合わせ、そのまま、マウスをクリック🖱します

ヒント❗

USBメモリーは一般的な「USB Type-A」と呼ばれるUSBポートに接続して利用しますが、パソコンによっては「USB Type-C」と呼ばれる少し小さい端子のUSBポートしか備えていない機種があります。このようなパソコンでは、USB Type-Aに変換する変換アダプタや変換ケーブルなどを接続して、USBメモリーを利用します。

◆ USB Type-C

ヒント❗

パソコンに取り込んだ写真は、OneDriveなどのクラウドサービスに保存することができます。クラウドサービスに保存しておけば、パソコンだけでなく、外出時にスマートフォンなどからも写真を参照できます。OneDriveに写真を保存するときは、232ページを参考に、設定しましょう。

次のページに続く ▶▶▶

⑥ USBメモリーのファイルを確認します

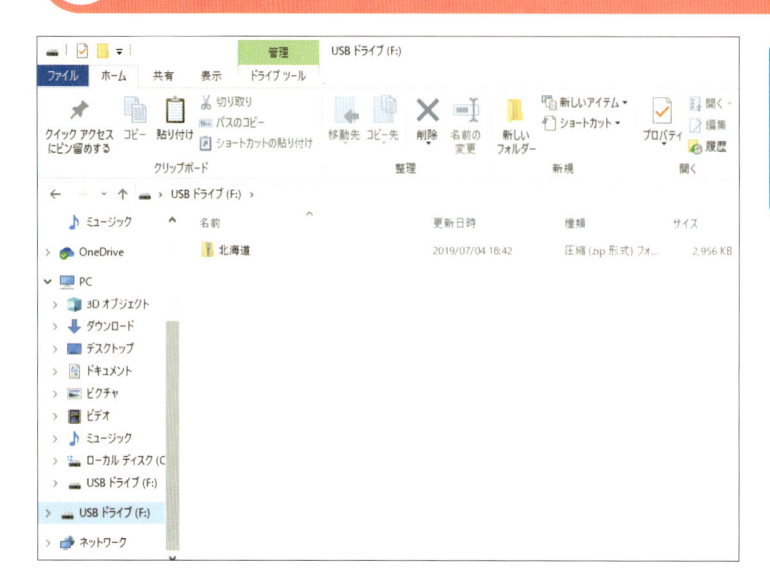

USBメモリーにコピーされたファイルが表示されました

ヒント❗

パソコンに取り込んだ写真は、CD-Rと呼ばれる書き込み用CDに保存できます。CD-Rは一度だけ書き込みができるメディアで、保存にはCD-Rへの書き込みに対応したCD/DVDドライブが必要です。CD-Rに保存したい写真を選び、以下のように操作すると、CD-Rに写真が書き込まれます。

CD-Rへ保存する写真を選択しておきます

❶ 共有 に を合わせ、そのまま、マウスをクリック します

❷ ディスクに書き込む に を合わせ、そのまま、マウスをクリック します

デジタルカメラの写真を楽しもう

第8章

送る

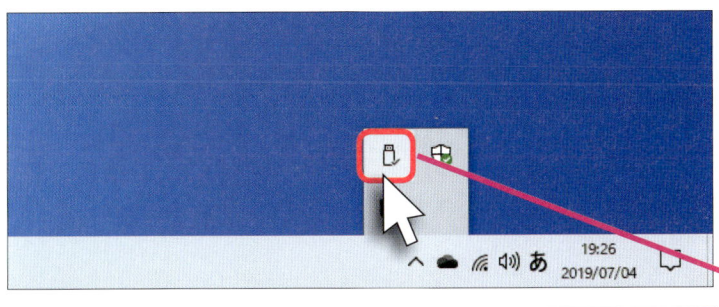

❶ ∧ に ⇖ を合わせ、そのまま、マウスをクリック 🖱 します

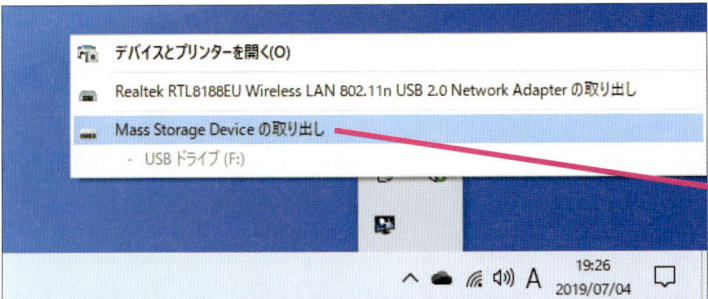

デバイスとプリンターを開く(O)

Realtek RTL8188EU Wireless LAN 802.11n USB 2.0 Network Adapter の取り出し

Mass Storage Device の取り出し
 - USB ドライブ (F:)

❷ 🖫 に ⇖ を合わせ、そのまま、マウスをクリック 🖱 します

❸ ［（USB機器名）の取り出し］に ⇖ を合わせ、そのまま、マウスをクリック 🖱 します

ハードウェアの取り外し
'USB 大容量記憶装置' はコンピューターから安全に取り外すことができます。
エクスプローラー

USBメモリーがパソコンから取りはずせるようになりました

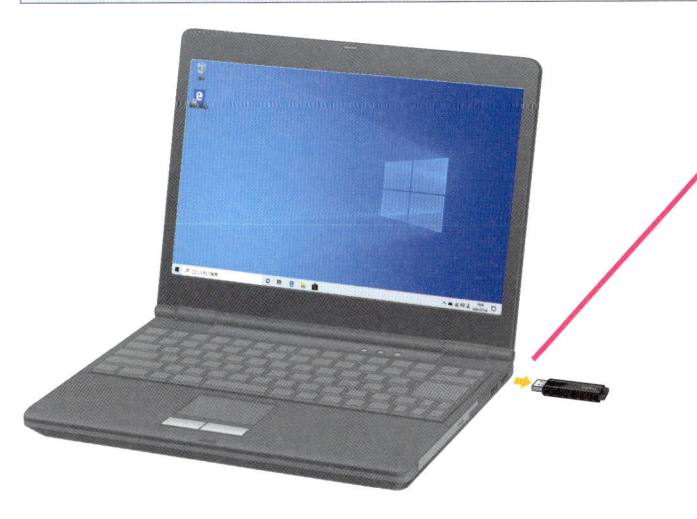

❹USBメモリーをパソコンのUSBポートから取りはずします

 終わり

Q 写真のサイズを小さくしたい

A ［ペイント3D］のアプリで写真のサイズを変更できます

パソコンに取り込んだ写真は、デジタルカメラで撮影したままの大きいサイズなので、携帯電話などにメールで送っても受け取れないことがあります。そのようなときは「ペイント3D」のアプリを使い、写真を縮小します。縮小したときのファイルサイズは、ペイント3Dのウィンドウの下に表示されます。サイズを小さくしたら、［ファイル］タブの［名前を付けて保存］を選び、別のファイル名で保存しておきましょう。

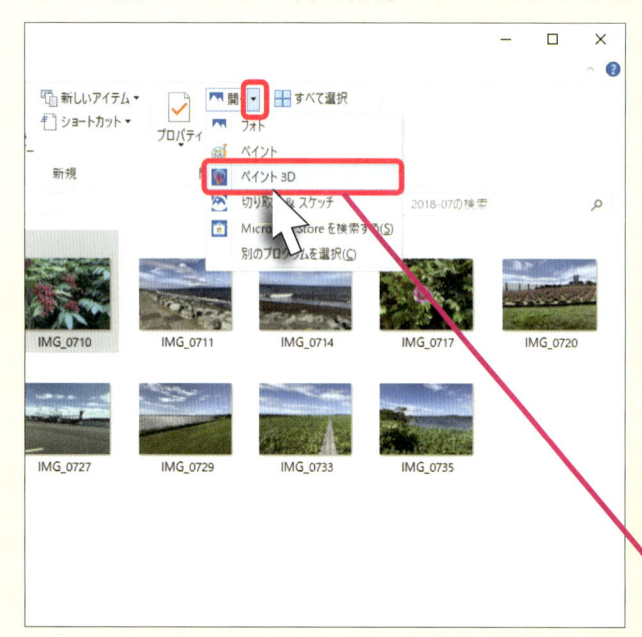

レッスン❹（204ページ）を参考に、サイズを小さくする写真をクリック🖱️しておきます

❶ 🏞️開くの▼に🖱️を合わせ、そのまま、マウスをクリック🖱️します

❷ 🖼️ペイント3Dに🖱️を合わせ、そのまま、マウスをクリック🖱️します

ヒント❗

写真を編集するアプリにはいろいろなものがありますが、ここではウィンドウズに標準で用意されている「ペイント3D」を使います。

ペイント3Dが起動し、写真が表示されました

❸ … に ▛ を合わせ、そ
のまま、マウスをクリック
🖱 します

❹ ［キャンバスオプシ
ョン］に ▛ を合わせ、そ
のまま、マウスをクリック
🖱 します

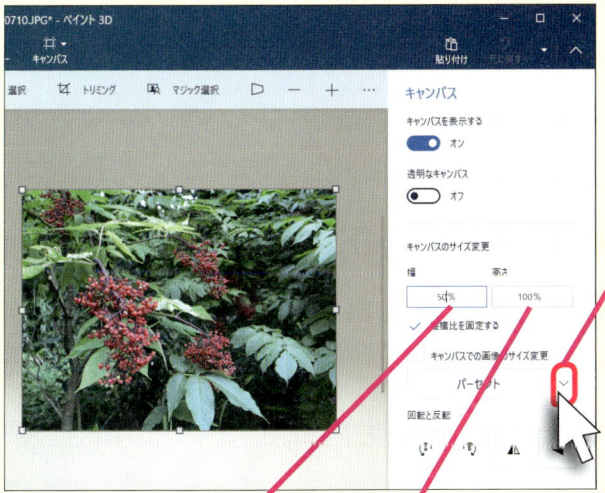

ここでは写真の大きさを
50%に縮小します

❺ ピクセル に ▛ を合
わせ、そのまま、マウス
を クリック 🖱 して
パーセント を選択します。

❻ ここに「50」と
入力します

❼ ここに ▛ を合わせ、そのまま、
マウスをクリック 🖱 します

🗔 をクリック 🖱 すると表示される画面で、🗒 名前を付けて保存 をク
リック 🖱 します。画像として保存するときは、🖼 をクリック
🖱 して90ページを参考に、写真に名前を付けて保存します

OneDriveに写真を保存するには

A クリック操作で写真を OneDriveにアップロードできます

パソコンに保存されている写真をOneDriveに保存したいときは、フォルダーウィンドウでコピーしたい写真を選択し、以下のように操作します。コピー先を選択するとき、[OneDrive]を選びましょう。インターネットに接続されていれば、コピーした写真は自動的に同期されます。

レッスン㊺を参考に、OneDriveに保存する写真を選択しておきます

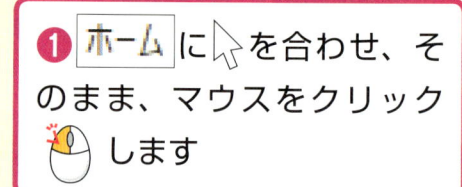

❶ ホーム に を合わせ、そのまま、マウスをクリックします

❷ コピー先 に を合わせ、そのまま、マウスをクリックします

❸ 場所の選択... に を合わせ、そのまま、マウスをクリックします

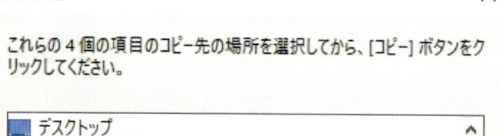

❹ OneDrive に を合わせ、そのまま、マウスをクリックします

❺ 画像 に を合わせ、そのまま、マウスをクリックします

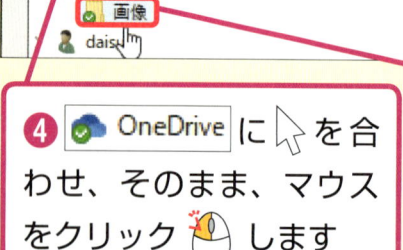

デジタルカメラの写真を楽しもう 第8章

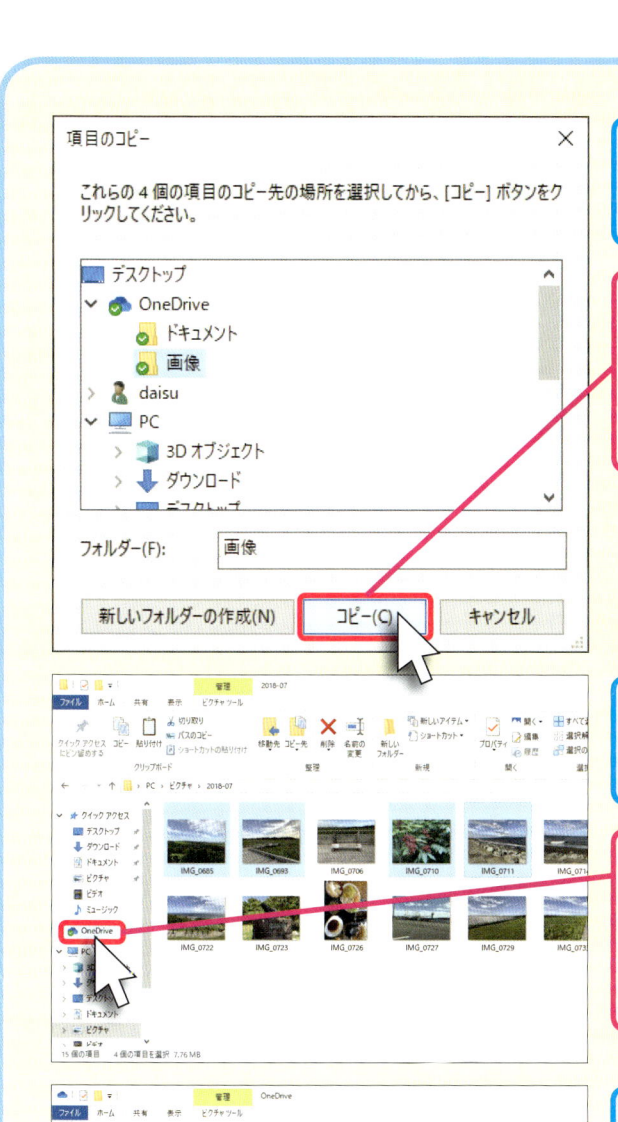

保存先がOneDriveに設定されました

❻ コピー(C) に ⤢ を合わせ、そのまま、マウスをクリック 🖱 します

写真がOneDriveに保存されました

❼ OneDrive に ⤢ を合わせ、そのまま、マウスをクリック 🖱 します

OneDriveに保存された写真を確認します

❽ 🟡 画像 に ⤢ を合わせ、そのまま、マウスをダブルクリック 🖱 します

OneDriveに保存された写真が表示されます

 携帯電話の写真を
パソコンに取り込むには？

A マイクロエスディー
microSDメモリーカードアダプターを
使いましょう

携帯電話やスマートフォンのメモリーカードを取りはずし、メモリーカード
アダプターを装着します。メモリーカードアダプターが付いたメモリーカー
ドをパソコンのメモリーカードスロットに挿して、読み込みます。パソコン
にメモリーカードスロットがないときは、パソコンのUSBポートに接続する
タイプのメモリーカードリーダーを使って、読み込みます。また、スマート
フォンのmicroUSB接続端子とパソコンのUSBポートをUSBケーブルで接
続して、写真を読み込むこともできます。

デジタルカメラの写真を楽しもう

第8章

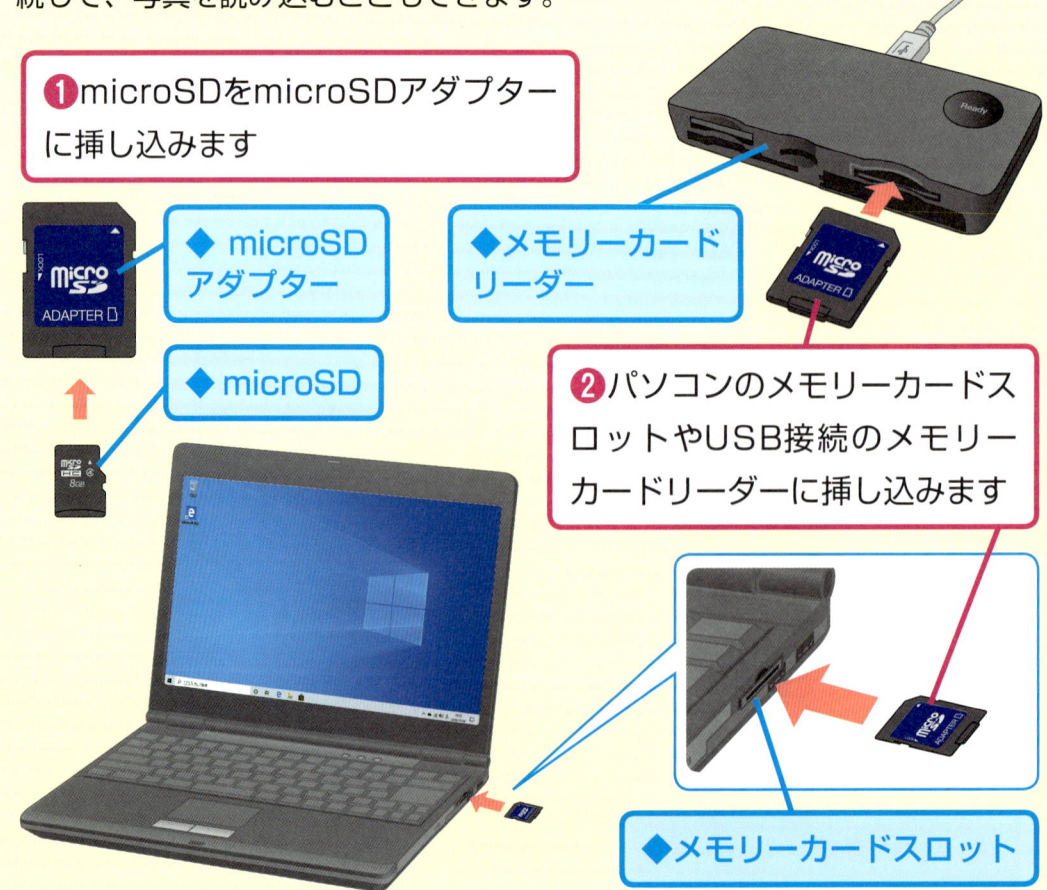

❶microSDをmicroSDアダプター
に挿し込みます

◆ microSD
アダプター

◆メモリーカード
リーダー

◆ microSD

❷パソコンのメモリーカードス
ロットやUSB接続のメモリー
カードリーダーに挿し込みます

◆メモリーカードスロット

Windowsアプリのダウンロード

ウィンドウズでは［ストア］アプリを使い、ストアにアクセスして、Windowsアプリを自由にダウンロードすることができます。ダウンロードしたWindowsアプリは自動的にウィンドウズにインストールされ、［スタート］メニューに登録されます。

① ［ストア］アプリを起動します

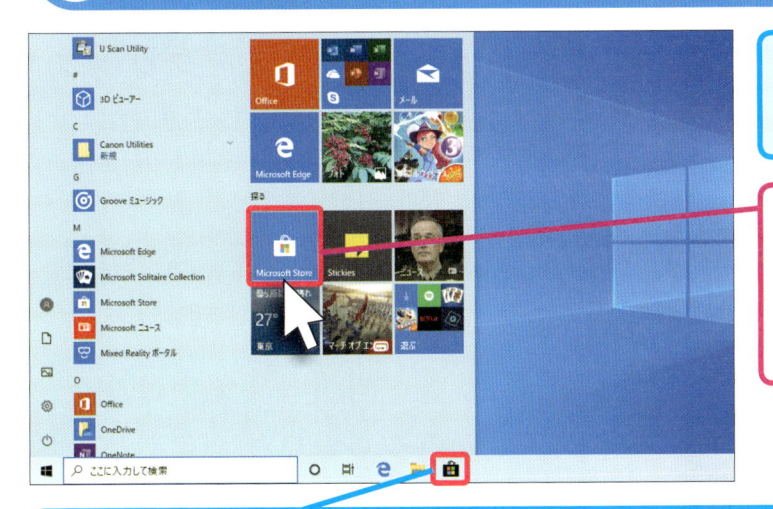

［スタート］メニューを表示しておきます

📦 に ➔ を合わせ、そのまま、マウスをクリック 🖱 します

タスクバーの 🏁 に ➔ を合わせ、そのまま、マウスをクリック 🖱 しても［ストア］アプリを起動できます

② ［ストア］アプリが起動しました

［ストア］アプリが起動して、［ホーム］の画面が表示されました

🔍 検索 に ➔ を合わせ、そのまま、マウスをクリック 🖱 します

次のページに続く ▶▶▶

付録

③ インストールするアプリを検索します

ここでは検索ボックスにキーワードを
入力して、アプリを検索します

❶ここに「翻訳」と
入力します

❷🔍に🖱を合わ
せ、そのまま、マ
ウスをクリック
🖱します

ヒント❗

検索ボックスにキーワードを入力する
と、下に候補が表示されることがあり
ます。候補をクリックすると、アプリ
の詳しい情報が表示されます。

検索ボックスの下に表示された検索候
補のアプリをクリック🖱すると、
アプリの詳細な情報を表示できます

④ インストールするアプリを選びます

「翻訳」の検索結果
が表示されました

[翻訳] に🖱を合
わせ、そのまま、
マウスをクリック
🖱します

⑤ アプリをインストールします

「翻訳」の詳細な情報が表示されました

入手 に
を合わせ、そのまま、マウスをクリックします

しばらく、そのまま待ちます

⑥ アプリがインストールされました

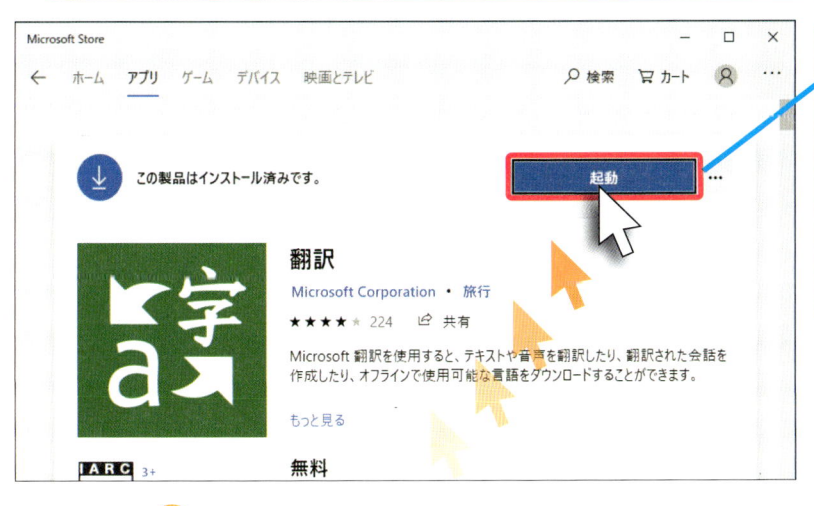

起動 に
を合わせ、そのまま、マウスをクリックすると、アプリが起動します

付録

ヒント

ここでインストールしている「翻訳」のアプリは、無料でインストールできますが、ストアでは有料のアプリも販売されています。有料のアプリを購入するには、Microsoftアカウントに支払い情報を登録する必要があります。

 終わり

ローマ字変換表

ローマ字入力での入力規則を表にしました。ローマ字入力で文字を入力するときに読みに対応するローマ字のスペルがわからなくなったときは、この表を見て文字を入力してください。

あ行

あ	い	う	え	お
a	i	u	e	o
	yi	wu		
		whu		

あ	い	う	え	お
la	li	lu	le	lo
xa	xi	xu	xe	xo
	lyi		lye	
	xyi		xye	

	いぇ			
	ye			

うぁ	うぃ		うぇ	うぉ
wha	whi		whe	who

か行

か	き	く	け	こ
ka	ki	ku	ke	ko
ca		cu		co
		qu		

きゃ	きぃ	きゅ	きぇ	きょ
kya	kyi	kyu	kye	kyo

くゃ		くゅ		くょ
qya		qyu		qyo

くぁ	くぃ	くぅ	くぇ	くぉ
qwa	qwi	qwu	qwe	qwo
qa	qi		qe	qo
	qyi		qye	

が	ぎ	ぐ	げ	ご
ga	gi	gu	ge	go

ぎゃ	ぎぃ	ぎゅ	ぎぇ	ぎょ
gya	gyi	gyu	gye	gyo

ぐぁ	ぐぃ	ぐぅ	ぐぇ	ぐぉ
gwa	gwi	gwu	gwe	gwo

さ行

さ	し	す	せ	そ
sa	si	su	se	so
	ci		ce	
	shi			

しゃ	しぃ	しゅ	しぇ	しょ
sya	syi	syu	sye	syo
sha		shu	she	sho

すぁ	すぃ	すぅ	すぇ	すぉ
swa	swi	swu	swe	swo

ざ	じ	ず	ぜ	ぞ
za	zi	zu	ze	zo
	ji			

じゃ	じぃ	じゅ	じぇ	じょ
zya	zyi	zyu	zye	zyo
ja		ju	je	jo
jya	jyi	jyu	jye	jyo

た行

た	ち	つ	て	と
ta	ti	tu	te	to
	chi	tsu		

		っ		
		ltu ※1		
		xtu		

ちゃ	ちぃ	ちゅ	ちぇ	ちょ
tya	tyi	tyu	tye	tyo
cha		chu	che	cho
cya	cyi	cyu	cye	cyo

つぁ	つぃ		つぇ	つぉ
tsa	tsi		tse	tso

てゃ	てぃ	てゅ	てぇ	てょ
tha	thi	thu	the	tho

とぁ	とぃ	とぅ	とぇ	とぉ
twa	twi	twu	twe	two

だ da	ぢ di	づ du	で de	ど do	ぢゃ dya	ぢぃ dyi	ぢゅ dyu	ぢぇ dye	ぢょ dyo
					でゃ dha	でぃ dhi	でゅ dhu	でぇ dhe	でょ dho
					どぁ dwa	どぃ dwi	どぅ dwu	どぇ dwe	どぉ dwo

な行
な na	に ni	ぬ nu	ね ne	の no	にゃ nya	にぃ nyi	にゅ nyu	にぇ nye	にょ nyo

は行
は ha	ひ hi	ふ hu / fu	へ he	ほ ho	ひゃ hya	ひぃ hyi	ひゅ hyu	ひぇ hye	ひょ hyo
					ふゃ fya		ふゅ fyu		ふょ fyo
					ふぁ fwa / fa	ふぃ fwi / fi / fyi	ふぅ fwu	ふぇ fwe / fe / fye	ふぉ fwo / fo
ば ba	び bi	ぶ bu	べ be	ぼ bo	びゃ bya	びぃ byi	びゅ byu	びぇ bye	びょ byo
					ヴぁ va	ヴぃ vi	ヴ vu	ヴぇ ve	ヴぉ vo
					ヴゃ vya	ヴぃ vyi	ヴゅ vyu	ヴぇ vye	ヴょ vyo
ぱ pa	ぴ pi	ぷ pu	ぺ pe	ぽ po	ぴゃ pya	ぴぃ pyi	ぴゅ pyu	ぴぇ pye	ぴょ pyo

ま行
ま ma	み mi	む mu	め me	も mo	みゃ mya	みぃ myi	みゅ myu	みぇ mye	みょ myo

や行
や ya		ゆ yu		よ yo	ゃ lya / xya		ゅ lyu / xyu		ょ lyo / xyo

ら行
ら ra	り ri	る ru	れ re	ろ ro	りゃ rya	りぃ ryi	りゅ ryu	りぇ rye	りょ ryo

わ行
わ wa	ゐ wi ※2		ゑ we ※3	を wo	ん nn ※4

※1：「n」以外で同じ子音の連続でも入力できます（例：itta → いった）
※2：「wi」（うぃ）を変換すれば「ゐ」と入力できます
※3：「we」（うぇ）を変換すれば「ゑ」と入力できます
※4：「n」に続けて子音でも「ん」と入力できます（例：panda → ぱんだ）

用語集

CD-R（シーディーアール）

音楽CDと同じサイズのデータ記録用メディアのこと。写真の保存やバックアップ、友だちにデータを渡したいときなどに利用する。

Microsoft Edge（マイクロソフトエッジ）

ウィンドウズに標準で搭載されているブラウザー。従来のInternet Explorerの後継として開発された。セキュリティなどが強化されている。
➡ブラウザー

Microsoftアカウント（マイクロソフトアカウント）

マイクロソフトがインターネットなどで提供するサービスを利用するためのアカウント。ウィンドウズにサインインするときやオンラインサービスを使うときに利用する。
➡インターネット、サインイン

OneDrive（ワンドライブ）

マイクロソフトが提供するオンラインストレージサービス。インターネット上の専用のエリアにパソコンで作成した文書やデジタルカメラから取り込んだ写真などを保存しておくことができる。ウィンドウズでは Microsoft アカウントでサインインすることで、標準で利用することができる。
➡ Microsoft アカウント、インターネット、サインイン

Outlook.com（アウトルックドットコム）

マイクロソフトが2012年から提供を開始した無料のWebメールサービス。ウィンドウズやオフィスとの連携が充実している。スマートフォンなどでも利用が可能。
➡Webメール

USB（ユーエスビー）

◆USB ケーブル

パソコンに周辺機器を接続するためのインターフェイスのひとつ。ウィンドウズが動作するパソコンで広く利用されている。

USBメモリー（ユーエスビーメモリー）

USBポートに接続できる記憶媒体のひとつ。パソコンにUSBポートが付いていれば、ファイルのコピーができるため、身近なファイルの受け渡しなどにも便利。数十MBから数百GBまで、幅広い容量の製品が販売されている。
➡USB、ファイル

Webメール（ウェブメール）

Microsoft Edgeなどのブラウザーを使って表示するメールサービス。すべてのメールはインターネット上に保存されているため、Webブラウザーが利用できれば、どこでもメールの送受信ができる。
➡インターネット、ブラウザー

用語集

Wi-Fi（ワイファイ）

無線LAN機器を相互に接続するための業界団体による認証プログラム。無線LANと同じ意味で使われることが多い。
➡無線LAN

Windows 10（ウィンドウズ 10）

2015年7月29日に公開されたマイクロソフトのパソコン用OS。2013年発売の「Windows 8.1」の後継版。使いやすい［スタート］メニューとタイル表示のスタート画面を統合したユーザーインターフェイスを採用し、多彩なオンラインサービスに対応する。マイクロソフトは『次世代のWindows』に位置付けている。
➡［スタート］メニュー、タイル

Windows セキュリティ（ウィンドウズ セキュリティ）

マイクロソフトがウィンドウズ向けに無料で供給するセキュリティ対策ソフト。スパイウェアおよびマルウェアを検出し、駆除する。ウィンドウズには標準で内蔵されている。

ZIP（ジップ）

写真や文書など、複数のファイルをひとつのファイルにまとめるファイル圧縮方式のひとつ。ウィンドウズは標準で対応している。
➡ファイル

アイコン

アプリや文書などを表わす絵柄。アイコンにマウスポインターを合わせ、マウスをダブルクリックすることで、アプリを起動したり、文書を開いたりできる。
➡アプリ、マウス、マウスポインター

アクションセンター

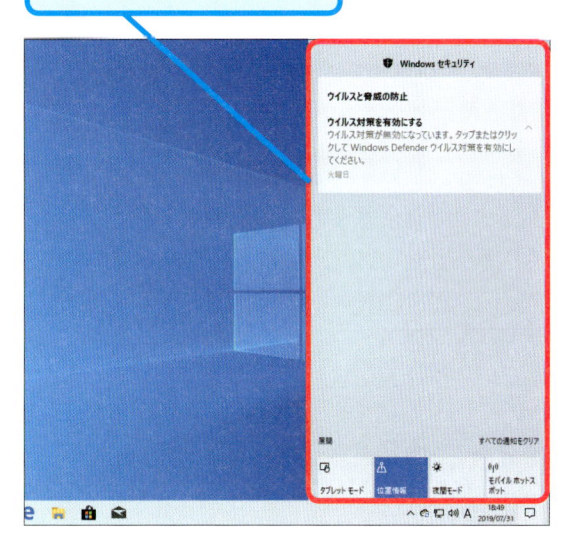

◆アクションセンター

パソコンの動作やアプリからの情報が通知されたり、使用頻度の高い設定をすぐに起動できる。トーストで通知された内容を見逃したときもアクションセンターから確認できる。
➡アプリ

アドレス

◆メールアドレス

名前　　組織名　種別
abc@example.jp

◆ Webページのアドレス（URL）

ブランド名　組織名　　種別
https://dekiru.impress.co.jp/

インターネットでの住所に相当するもの。メールをやりとりするときは「メールアドレス」、ブラウザーでWebページを表示するときは「Webページのアドレス」を使う。
➡インターネット、ブラウザー

用語集

アプリ

パソコンでさまざまな機能を利用するためのアプリケーションソフトのこと。ウィンドウズ10では「Windowsアプリ」と「アプリ」が利用できる。
➡Windows 10、デスクトップ

インターネット

世界中のコンピューターが接続されたネットワーク。Webページやメール、SNSなど、さまざまなサービスが提供されている。

ウイルス対策ソフト

コンピューターウイルスに感染しないようにするため、送受信するメールを監視したり、アプリで扱うファイルやソフトウェアを構成するファイルをチェックし、感染時はウイルスを駆除できるアプリ。通常、メーカー製パソコンには出荷時に一定期間、利用できるものが付属する。
➡アプリ

ウィンドウ

窓の形を模したアプリなどを表示する領域。ウィンドウズのデスクトップではいくつものウィンドウを表示して、作業ができる。
➡アプリ、デスクトップ

エクスプローラー

デスクトップでファイルやフォルダーなどを参照できるアプリ。タスクバーから起動できる。ファイルのコピー、移動、フォルダーの作成などの機能も利用できる。
➡アプリ、タスクバー、デスクトップ、
　ファイル、フォルダー

キーボード

パソコンで文字を入力したり、操作をするための装置。マウスと並び、ユーザーがもっとも頻繁に利用する。どのパソコンでもアルファベットなどのキー配列は基本的に同じだが、パソコンによっては、記号や機能が割り当てられたキーが違うことがある。
➡マウス

クラウド

さまざまなデータをインターネット上に保存する使い方のこと。Outlook.comなどのWebメールサービスもクラウドサービスのひとつ。
➡Outlook.com、Webメール、
　インターネット

ごみ箱

ウィンドウズで不要なファイルなどを捨てるフォルダーのこと。通常はデスクトップに表示されていて、ファイルやフォルダーのアイコンをドラッグして、ドロップすると、削除できる。ごみ箱を空にすると、ごみ箱内のファイルやフォルダーが完全に削除される。
➡アイコン、デスクトップ、ファイル、
　フォルダー

サーバー

さまざまなデータを保存しておくためのネットワーク上のコンピューター。Webページは WWWサーバー、メールはメールサーバーに保存されている。

サインイン

アカウントとパスワードを入力し、パソコンを使いはじめる操作のこと。ウィンドウズを使うには、登録されたアカウントでサインインする。

スクロール

表示しきれない情報を上下左右に動かして表示すること。ウィンドウズでは主にウィンドウに表示しきれない情報をスクロールさせて表示する。
➡ウィンドウ

［スタート］ボタン

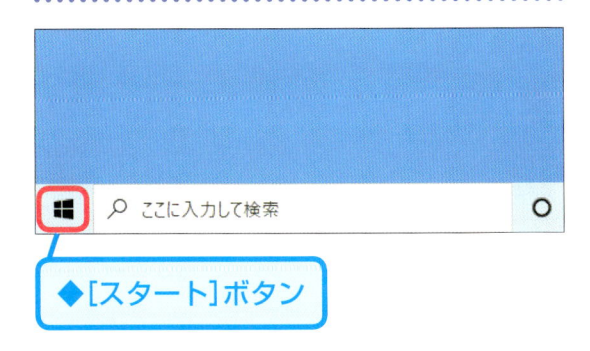

デスクトップのタスクバーの左端に表示されるボタン。クリックすると、［スタート］メニューが表示される。
➡［スタート］メニュー、タスクバー、
　デスクトップ

［スタート］メニュー

ウィンドウズを起動し、［スタート］ボタンを押したときに表示されるメニュー。左側に［よく使うアプリ］やインストールされているアプリの一覧、［設定］などの項目、右側にはタイル表示のスタート画面が組み合わせられている。
➡アプリ、［スタート］ボタン、タイル

スリープ

ウィンドウズを一時的な休止状態にすること。直前の状態が保存されているため、すぐに復帰させて、作業を再開することができる。

全角

日本語のかな漢字などを表記するときに使う文字の大きさのこと。基本的に縦横比は 1 : 1 で表示される。

ソフトウェア

コンピューターを動作させるためのアプリやプログラム、ドライバーソフト、OS（基本ソフト）などの総称。
➡アプリ

用語集

ダイアログボックス

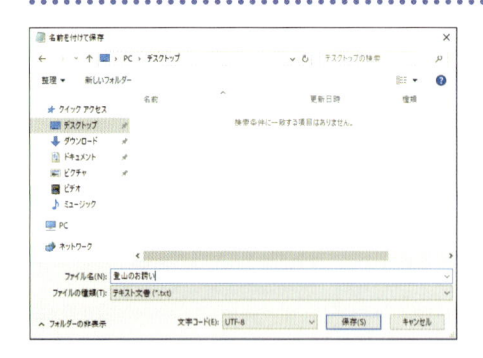

設定や項目の選択などをするためのボックス画面のこと。印刷のダイアログボックスでは印刷する部数やページ数などを設定できる。

タイトルバー

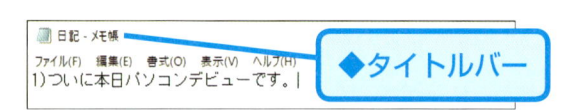

アプリの名称やファイル名などが表示されたウィンドウ最上部のこと。この部分をドラッグして移動したり、ダブルクリックでウィンドウを最大化したりすることができる。
➡アプリ、ウィンドウ、ファイル

タイル

ウィンドウズのスタート画面に表示されるアプリなどを表わすもの。タイルをクリックして、アプリなどを起動できるほか、タイルに最新の情報を表示することができる。
➡アプリ

タスクバー

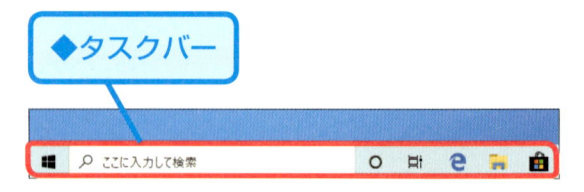

ウィンドウズのデスクトップで、動作中のアプリやウィンドウの状態などを表示する領域。デスクトップのもっとも下段に、バーのような形で表示される。右端には通知領域も表示される。
➡アプリ、ウィンドウ、通知領域、デスクトップ

タッチキーボード

パソコンのキーボードを画面上に表わしたもので、タッチパネル対応のパソコンで文字入力をするときに使う。
➡タッチパネル

タッチパッド

ノートパソコンなどで、マウスの代わりに採用されているポインティングデバイス。操作面を指でこするように動かすと、それに連動して、マウスポインターが動く。
➡マウス、マウスポインター

タッチパネル

画面に指先などでタッチしながら操作できるディスプレイのこと。ウィンドウズはタッチ操作に対応していて、タッチパネルを搭載したパソコンでは画面に触れながら、ウィンドウズを操作することができる。

タブレットモード

タブレットに適したスタート画面のみを表示するモード。従来のWindows 8.1/8で採用されていたスタート画面を継承したデザインで、アクションセンターから［タブレットモード］を選ぶと、切り替えられる。
➡アクションセンター

通知領域

時刻や音量の状態などに加え、ネットワークやウイルス対策ソフトなど、ウィンドウズの特殊な機能や状態などを表わすアイコンを表示する領域。タスクバーの右端に表示される。
➡アイコン、ウイルス対策ソフト、タスクバー

デスクトップ

ウィンドウズを使うとき、さまざまな操作をする場所になる画面。その名の通り、机の上に相当する場所で、ここにウィンドウなどを広げて、文書を作成したり、写真を整理したりすることになる。
➡ウィンドウ

半角

全角の半分のサイズで表わす文字のこと。主に英数字などを表記するときに使う。
➡全角

ファイル

パソコンに保存されている文書や写真、データ、アプリを構成するプログラムなどのこと。
➡アプリ

フォルダー

ファイルをまとめて保存しておく場所。ウィンドウズでは自由にフォルダーを作ることができ、自分の整理しやすいように、管理できる。
➡ファイル

ブラウザー

インターネットに公開されているWebページ（ホームページ）を閲覧するためのアプリ。ウィンドウズには「Microsoft Edge」というブラウザーが標準で搭載されている。
➡アプリ、インターネット

プロバイダー

インターネットへの接続を仲介する接続事業者のこと。インターネットへの接続サービスだけでなく、メールやコンテンツ配信などのサービスを提供するプロバイダーも多い。

➡インターネット

マウス

パソコンを操作するときに使うポインティングデバイス。手のひらに収まるコンパクトサイズのものやワイヤレスタイプなどがある。

マウスポインター

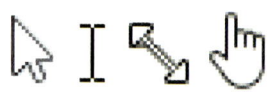

マウスやタッチパッドの動きに合わせて動かすことができる矢印などのマーク。利用するアプリや操作、場面などによって、矢印以外の形にも変化する。

➡アプリ、タッチパッド、マウス

無線LAN（ムセンラン）

ネットワークケーブル（LANケーブル）の代わりに電波を使い、複数のパソコンをネットワークで接続する方法。Wi-Fiとも呼ばれる。

➡Wi-Fi

無線LANアクセスポイント（ムセンランアクセスポイント）

無線LANでパソコンなどを接続するとき、親機の役割を担う機器のこと。ブロードバンド回線があれば、無線LANアクセスポイントを接続するだけで、無線LANが利用できるようになる。

➡無線LAN

メニュー

機能や操作などを呼び出すための一覧形式の画面のこと。ファイルを保存するときは［ファイル］メニューから操作をする。

➡ファイル

メモリーカード

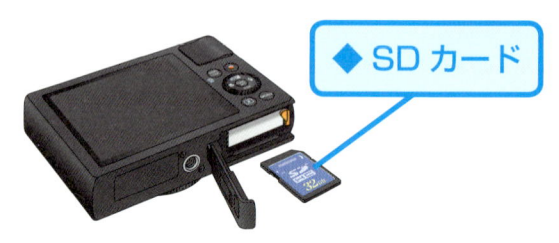

◆SDカード

半導体を利用した記録媒体の一種。デジタルカメラやビデオカメラ、スマートフォンなどに使われることが多い。大きさなどの違いにより、種類もいくつかある。

リンク

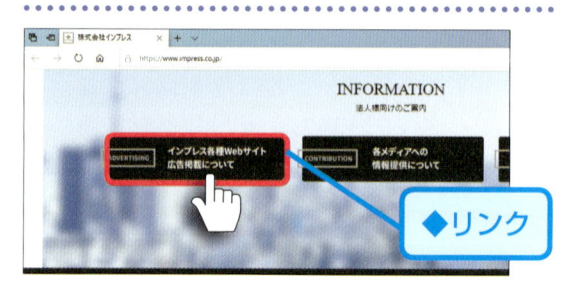

◆リンク

Webページなどで、ほかの場所やWebページに結びつけること。Webページではリンクをクリックすることで、ほかのWebページに移動することができる。

ローカルアカウント

ウィンドウズが動作するパソコンを利用するための登録情報。インターネットで提供されるサービスを使うときは、Microsoftアカウントに切り替えて利用する。

➡Microsoftアカウント、インターネット

索 引

索引

できるサポートのご案内

無料サービス！

本書の記載内容について、無料で質問を受け付けております。受付方法は、電話、FAX、ホームページ、封書の4つです。「できるサポート」は「できるシリーズ」だけのサービスです。お気軽にご利用ください。なお、以下の質問内容はサポートの範囲外となります。あらかじめご了承ください。

サポート範囲外のケース

①**書籍の内容以外のご質問**（書籍に記載されていない手順や操作については回答できない場合があります）

②**対象外書籍のご質問**（裏表紙に書籍サポート番号がないできるシリーズ書籍は、サポートの範囲外です）

③**ハードウェアやソフトウェアの不具合に関するご質問**
（お客さまがお使いのパソコンやソフトウェア自体の不具合に関しては、適切な回答ができない場合があります）

④**インターネットやメール接続に関するご質問**（パソコンをインターネットに接続するための機器設定やメールの設定に関しては、ご利用のプロバイダーや接続事業者にお問い合わせください）

問い合わせ方法

電話
（受付時間：月曜日〜金曜日　午前10時〜午後6時まで　※土日祝休み）

0570-000-078

電話では、**右記①〜⑤**の情報をお伺いします。なお、サポートサービスは無料ですが、**通話料はお客さま負担**となります。対応品質向上のため、通話を録音させていただくことをご了承ください。
また、午前中や休日明けは、お問い合わせが混み合う場合があります。
※ 一部の携帯電話やIP電話からはご利用いただけません

FAX
（受付時間：24時間）

0570-000-079

A4サイズの用紙に**右記①〜⑧**までの情報を記入して送信してください。国際電話や携帯電話、一部のIP電話は利用できません。

ホームページ
（受付時間：24時間）

https://book.impress.co.jp/support/dekiru/

上記のURLにアクセスし、専用のフォームに質問事項をご記入ください。なお、お問い合わせの返信メールが届かない場合、迷惑メールフォルダーに仕分けされていないかをご確認ください。

封書

〒101-0051
東京都千代田区神田神保町一丁目105番地
株式会社インプレス　できるサポート質問受付係

封書の場合、**右記①〜⑦**までの情報を記載してください。なお、封書の場合は郵便事情により、回答に数日かかる場合もあります。

受付時に確認させていただく主な内容

①**書籍名**
　『できるゼロからはじめる
　パソコン超入門
　ウィンドウズ 10対応 令和改訂版』

②**書籍サポート番号→500731**
　※ 本書の裏表紙（カバー）に記載されています。

③**質問内容（ページ数・レッスン番号）**

メモ欄

④**ご利用のパソコンメーカー、機種名、使用OS**

メモ欄

⑤**お客さまのお名前**
⑥**お客さまの電話番号**
⑦**ご住所**
⑧**FAX番号**
⑨**メールアドレス**

本書を読み終えた方へ
できるシリーズのご案内

スマートフォン／タブレット関連書籍

できる ゼロからはじめる Androidタブレット 超入門

法林岳之・清水理史
＆できるシリーズ編集部
定価：本体1,280円＋税

GoogleアカウントやWi-Fi、インターネット、メールといった基本を丁寧に解説。大画面を生かした楽しい使い方や便利な使い方も分かる。幅広い機種に対応!

できる ゼロからはじめる Androidスマートフォン 超入門 改訂3版

法林岳之・清水理史
＆できるシリーズ編集部
定価：本体1,280円＋税

戸惑いがちな基本設定を丁寧に解説! LINEなどの人気アプリや旅行などがもっと楽しくなるお薦めアプリもわかります。巻末には困ったときに役立つQ&Aも収録。

できる ゼロからはじめる Androidスマートフォン 超入門 活用ガイドブック

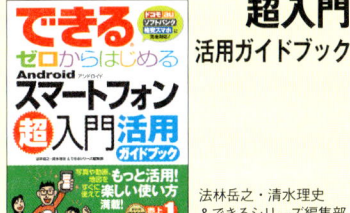

法林岳之・清水理史
＆できるシリーズ編集部
定価：本体1,380円＋税

「Androidスマホの基本はOK!」そんな人におすすめしたい1冊。定番アプリから楽しみ方が広がる注目アプリまで、一歩進んだスマホの活用方法が満載!

できる iPhone XS/XS Max/XR パーフェクトブック 困った！＆便利ワザ大全

リブロワークス
定価：本体1,300円＋税

全面ディスプレイで操作方法が一新。はじめてiPhoneを使う人も、新しく買い替えた人も、「困った!」はこの1冊で解決。

できる ゼロからはじめる iPhone XS/XS Max/XR 超入門

法林岳之・白根雅彦＆
できるシリーズ編集部
定価：本体1,280円＋税

iPhone入門書の決定版。大きな画面と文字で、電話、ネット、メール、写真などの使い方を丁寧に解説。

できる ゼロからはじめる iPad超入門 ［改訂新版］ iPad/Air/mini/Pro対応

法林岳之・白根雅彦＆
できるシリーズ編集部
定価：本体1,280円＋税

大きな画面と文字で読みやすい、いちばんやさしいiPadの入門書。最新機種を含めたすべてのiPadに対応!

Windows関連書籍

できるWindows 10 改訂4版

法林岳之・一ヶ谷兼乃・清水理史＆
できるシリーズ編集部
定価：1,000円＋税

新機能と便利な操作をくまなく紹介。用語集とQ&A、無料電話サポート付きで困ったときでも安心!

できるWindows 10 パーフェクトブック 困った！＆便利ワザ大全 改訂4版

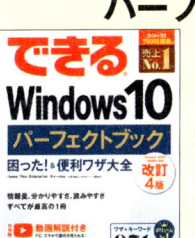

広野忠敏＆
できるシリーズ編集部
定価：1,480円＋税

ワザ＆キーワード合計971の圧倒的な情報量で、Windows 10の知りたいことがすべて分かる!

読者アンケートにご協力ください！

このたびは「できるシリーズ」をご購入いただき、ありがとうございます。

本書はWebサイトにおいて皆さまのご意見・ご感想を承っております。

気になったことやお気に召さなかった点、役に立った点など、

皆さまからのご意見・ご感想をお聞かせいただき、

今後の商品企画・制作に生かしていきたいと考えています。

お手数ですが以下の方法で読者アンケートにご回答ください。

ご協力いただいた方には抽選で毎月プレゼントをお送りします！

※プレゼントの内容については、「CLUB Impress」のWebサイト
（https://book.impress.co.jp/）をご確認ください。

ご意見・ご感想を
お聞かせください！

©インプレス

| 1 | URLを入力して [Enter]キーを押す | 2 | [アンケートに答える] をクリック |

https://book.impress.co.jp/books/1119101044

アンケートに答える■

※Webサイトのデザインやレイアウトは変更になる場合があります。

◆会員登録がお済みの方
会員IDと会員パスワードを入力して、
[ログインする]をクリックする

→

◆会員登録をされていない方
[こちら]をクリックして会員規約に同意して
からメールアドレスや希望のパスワードを入
力し、登録確認メールのURLをクリックする

本書のご感想をぜひお寄せください https://book.impress.co.jp/books/1119101044

「アンケートに答える」をクリックしてアンケートにご協力ください。アンケート回答者の
中から、抽選で商品券（1万円分）や図書カード（1,000円分）などを毎月プレゼント。
当選は賞品の発送をもって代えさせていただきます。はじめての方は、「CLUB
Impress」へご登録（無料）いただく必要があります。

読者登録
サービス

登録カンタン
費用も無料！

アンケートやレビューでプレゼントが当たる！

■著者

法林岳之（ほうりん　たかゆき）

1963年神奈川県出身。パソコンのビギナー向け解説記事からハードウェアのレビューまで、幅広いジャンルを手がけるフリーランスライター。特に、スマートフォンや携帯電話、モバイル、ブロードバンドなどの通信関連の記事を数多く執筆。「ケータイWatch」（インプレス）などのWeb媒体で連載するほか、Impress Watch Videoでは動画コンテンツ「法林岳之のケータイしようぜ!!」も配信中。テレビやラジオでの出演をはじめ、全国各地での講演にも出席。主な著書に『できるWindows 10 改訂4版』『できるゼロからはじめるiPad超入門［改訂新版］iPad/Air/mini/Pro対応』『できるゼロからはじめるiPhone XS/XS Max/XR超入門』『できるfit ドコモのiPhone XS/XS Max/XR 基本+活用ワザ』『できるfit auのiPhone XS/XS Max/XR 基本+活用ワザ』『できるfit ソフトバンクのiPhone XS/XS Max/XR 基本+活用ワザ』『できるゼロからはじめる Android スマートフォン超入門 改訂3版』（共著）（インプレス）などがある。

URL：http://www.hourin.com/takayuki/

STAFF

本文オリジナルデザイン	川戸明子
シリーズロゴデザイン	山岡デザイン事務所<yamaoka@mail.yama.co.jp>
カバーデザイン	阿部　修（G-Co.Inc.）
カバーイラスト	高橋結花
カバーモデル写真	PIXTA
本文撮影	加藤丈博
本文フォーマット&デザイン	町田有美
本文イメージイラスト	町田有美
本文イラスト	松原ふみこ・福地祐子
DTP制作	町田有美・田中麻衣子
編集協力	今井　孝
デザイン制作室	今津幸弘<imazu@impress.co.jp>
	鈴木　薫<suzu-kao@impress.co.jp>
制作担当デスク	柏倉真理子<kasiwa-m@impress.co.jp>
編集制作	高木大地
編集	進藤　寛<shindo@impress.co.jp>
編集長	藤原泰之<fujiwara@impress.co.jp>
オリジナルコンセプト	山下憲治

■落丁・乱丁本などの問い合わせ先
TEL 03-6837-5016　FAX 03-6837-5023
service@impress.co.jp
受付時間　10:00 ～ 12:00 ／ 13:00 ～ 17:30
　　　　　（土日・祝祭日を除く）
●古書店で購入されたものについてはお取り替えできません。

■書店／販売店の窓口
株式会社インプレス 受注センター
TEL　048-449-8040　FAX　048-449-8041

株式会社インプレス 出版営業部
TEL　03-6837-4635

できるゼロからはじめるパソコン超入門 ウィンドウズ 10対応 令和改訂版

2019年9月1日　初版発行

著　者　法林岳之＆できるシリーズ編集部

発行人　小川 亨

編集人　高橋隆志

発行所　株式会社インプレス
　　　　〒101-0051　東京都千代田区神田神保町一丁目105番地
　　　　ホームページ　https://book.impress.co.jp/

印刷所　株式会社廣済堂
ISBN978-4-295-00731-9　C3055

Printed in Japan